日本农山渔村文化协会宝典系列

葡萄栽培
管理手册

[日] 高桥国昭　安田雄治　著
伍　涛　龚林忠　译

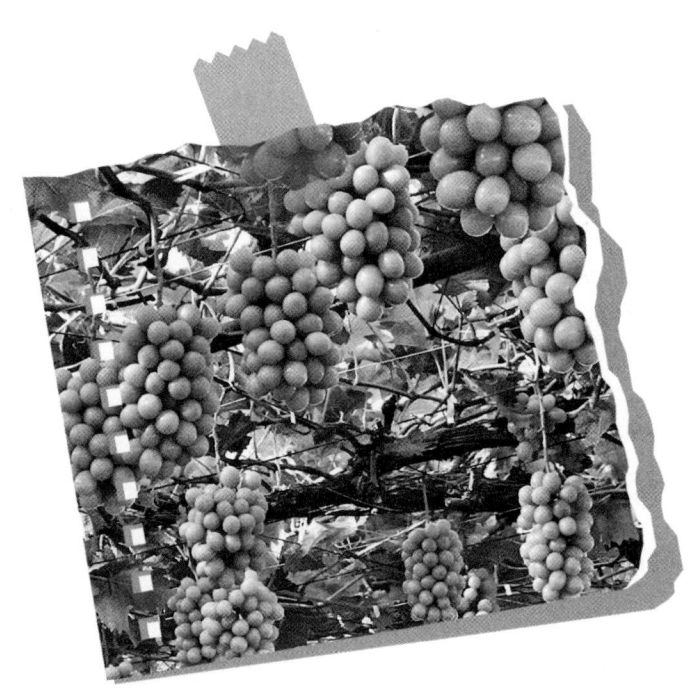

机械工业出版社

随着经济全球化的发展,葡萄产业发生了巨大的变化,也给葡萄栽培者带来了新的考验。本书以培育优质葡萄为出发点,提出了改善葡萄栽培管理的新想法和建议,对葡萄不同生长发育期的栽培管理要点进行了说明,阐述了整形修剪的思路与方法、病虫害的有效防治及设施栽培等内容。本书内容系统、翔实,图文结合,通俗易懂,所介绍的日本葡萄栽培技术,对于我国广大葡萄种植专业户、基层农业技术推广人员都有非常好的参考价值,也可供农林院校师生阅读参考。

SHINPAN BUDOU NO SAGYOU BENRICHO by TAKAHASHI KUNIAKI・YASUDA YUJI
Copyright © 2020 TAKAHASHI KUNIAKI・YASUDA YUJI
Simplified Chinese translation copyright © 2025 by China Machine Press
All rights reserved
Original Japanese language edition published by NOSAN GYOSON BUNKA KYOKAI (Rural Culture Association Japan)
Simplified Chinese translation rights arranged with NOSAN GYOSON BUNKA KYOKAI (Rural Culture Association Japan) through Shanghai To-Asia Culture Co., Ltd.

此版本仅限在中国大陆地区(不包括香港、澳门特别行政区及台湾地区)销售。未经出版者书面许可,不得以任何方式抄袭、复制或节录本书中的任何部分。

北京市版权局著作权合同登记　图字:01-2020-7518号。

图书在版编目(CIP)数据

葡萄栽培管理手册 / (日) 高桥国昭, (日) 安田雄治著; 伍涛, 龚林忠译. -- 北京 : 机械工业出版社, 2025. 6. -- (日本农山渔村文化协会宝典系列). -- ISBN 978-7-111-77052-7

Ⅰ. S663.1-62

中国国家版本馆CIP数据核字第2024AS3771号

机械工业出版社(北京市百万庄大街22号　邮政编码100037)
策划编辑:高　伟　周晓伟　责任编辑:高　伟　周晓伟　刘　源
责任校对:郑　雪　刘雅娜　责任印制:单爱军
保定市中画美凯印刷有限公司印刷
2025年6月第1版第1次印刷
169mm×230mm・11印张・212千字
标准书号:ISBN 978-7-111-77052-7
定价:69.80元

电话服务	网络服务
客服电话:010-88361066	机 工 官 网:www.cmpbook.com
010-88379833	机 工 官 博:weibo.com/cmp1952
010-68326294	金 书 网:www.golden-book.com
封底无防伪标均为盗版	机工教育服务网:www.cmpedu.com

序

果蔬业属于劳动密集型产业，在我国是仅次于粮食产业的第二大农业支柱产业，已形成了很多具有地方特色的果蔬优势产区。果蔬业的发展对实现农民增收、农业增效，促进农村经济与社会的可持续发展裨益良多，呈现出产业化经营水平日趋提高的态势。随着国民生活水平的不断提高，对果蔬产品的需求量日益增长，对其质量和安全性的要求也越来越高，这对果蔬的生产、加工及管理也提出了更高的要求。

我国农业发展处于转型时期，面临着产业结构调整与升级、农民增收、生态环境治理，以及产品质量、安全性和市场竞争力亟须提高的严峻挑战，要实现果蔬生产的绿色、优质、高效，减少农药、化肥用量，保障产品食用安全和生产环境的健康，离不开科技的支撑。日本从20世纪60年代开始逐步推进果蔬产品的标准化生产，其设施园艺和地膜覆盖栽培技术、工厂化育苗和机器人嫁接技术、机械化生产等都一度处于世界先进或者领先水平，注重研究开发各种先进实用的技术和设备，力求使果蔬生产过程精准化、省工省力、易操作。这些丰富的经验，都值得我们学习和借鉴。

日本农业书籍出版协会中最大的出版社——农山渔村文化协会（简称农文协）自1940年建社开始，其出版活动一直是以农业为中心，以围绕农民的生产、生活、文化和教育活动为出版宗旨，以服务农民的农业生产活动和经营活动为目标，向农民提供技术信息。经过80多年的发展，农文协已出版4000多种图书，其中的果蔬栽培手册（原名：作業便利帳）系列自出版就深受农民的喜爱，并随产业的发展和农民的需求进行不断修订。

根据目前我国果蔬产业的生产现状和种植结构需求，机械工业出版社与农文协展开合作，组织多家农业科研院所中理论和实践经验丰富，并且精通日语的教师及科研人员，翻译了本套"日本农山渔村文化协会宝典系列"，包含葡萄、猕猴桃、苹果、梨、西瓜、草莓、番茄等品种，以优质、高效种植为基本点，介绍了果蔬栽培管理技术、果树繁育及整形修剪技术等，内容全面，实用性、可操作性、指导性强，以供广大果蔬生产者和基层农技推广人员参考。

需要注意的是，我国与日本在自然环境和社会经济发展方面存在的差异，造就了园艺作物生产条件及市场条件的不同，不可盲目跟风，应因地制宜进行学习参考及应用。

希望本套丛书能为提高果蔬的整体质量和效益，增强果蔬产品的竞争力，促进农村经济繁荣发展和农民收入持续增加提供新助力，同时也恳请读者对书中的不当和错误之处提出宝贵意见，以便修正。

前言

本书第1版出版于1990年3月。之后的30年中,为了让更多的读者使用,进行了41次重印,在此向各位喜爱、支持本书的读者表示衷心的感谢。

在此期间,日本葡萄产业发生了巨大变化。一是培育了许多大粒、高品质的新品种。二是由于开花期赤霉素处理使无籽果实增加,很多人便认为葡萄是无籽的。三是包括避雨栽培在内,温室大棚占据了大部分的葡萄栽培面积。

从品种上看,有康拜尔早生、甲州等糖度低的品种,也有小粒、糖度高、经赤霉素处理的玫瑰露,以及巨峰、先锋等糖度高、味道鲜美的大粒品种,还有阳光玫瑰等大粒、美味、可以连皮一起吃的品种。

另外,由于经济全球化和日本的政策变化,南、北美洲葡萄的进口增加了。品质好,不用去皮、价格低廉的进口葡萄的数量增加,降低了日本加温栽培葡萄的价值,给葡萄栽培者带来了新的考验。今后,欧洲葡萄的进口也令人担忧。

为了应对这些形势的变化,必须在保证葡萄栽培高品质的前提下,找到足以战胜进口葡萄的栽培技术和经营方式。其方法有二,一是进一步提高土地生产率,二是提高劳动生产率。具体来说,就是让糖度高的葡萄的产量大幅度增加,且劳动力花费少。其基于充分利用太阳光能,即采用基于干物质生产理论的栽培技术,带来产量的压倒性增加。

葡萄的干物质生产理论发表已经有几十年了,虽然近年来研究进展不大,但我们到现在还在力所能及的范围内继续进行干物质生产理论的研究,同时进行实证栽培。本书在补充这些成果的同时,还对广受好评的第1版进行了修订,以更符合葡萄栽培现状。另外,本书对大棚栽培和棚架栽培等内容也进行了补充更新。

我已80多岁,在此衷心感谢农文协丸山先生给予的鞭策和鼓励,使我将这本书写得通俗易懂。

本书新技术的写作由安田雄治完成,我负责整体统稿。广大读者如能一如既往地眷顾本书,将不胜荣幸。

高桥国昭

目　录

序
前　言

第1章
看图进行生长发育诊断与作业判断要领

1 棚面的亮度以叶面积指数4为宜·········002
2 贮藏养分和腋芽的萌发···············003
3 通过新梢先端判断树势···············005
4 生长发育阶段与结果枝的好坏··········006
5 不同栽培模式造成的枝条生长差异······007
6 深耕与新根的产生····················008
7 花穗的生长与赤霉素处理、果穗整形·····009
  ◎ 开花期前用赤霉素处理玫瑰露的花穗与果穗·········009
  ◎ 盛花期果穗（阳光玫瑰）的赤霉素处理与整形·········010
8 设施的种类···························011
9 物质生产量的测定·····················012

第2章
改善操作的新想法和建议

1 让葡萄树告诉我们怎样改变栽培方法····014
  ◎ "首先确定目标产量！"这种想法的不可取之处·········014
  ◎ 产量由葡萄树的干物质生产能力决定·········014
  ◎ 通过改善操作最大限度地发挥树的干物质生产能力·········015
2 抹芽是高品质高产的大敌··············016
  ◎ 越是短枝上的叶片，光合作用能力越强·········016
  ◎ 没有根据的对葡萄进行彻底抹芽·········016
  ◎ 不结果的新梢是"赚钱枝"·········017
3 重要的是早期花穗的疏穗和疏粒········017

4 生产消费者喜欢的品种·················018
◎ 新品种爆发的时代·····················018
◎ 建议选择欧洲系品种···················018
◎ 怎么选择酿酒葡萄品种·················019

5 了解并改善环境条件·················019

6 勤观察是技术提升的秘诀·············020
◎ 果树的事问果树·······················020
◎ 田间作业时也能观察···················021
◎ 田间作业速度要跟上葡萄生长速度······021
◎ 遇到困难就问栽培能人·················022
◎ 百闻不如一见，百见不如一行··········022

7 熟练使用测量仪器和工具·············023
◎ 剪枝剪和锯子要选好的·················023
◎ 熟练使用机械设备·····················024
◎ 充分利用科学测定仪器·················024

第3章
建园、定植与初结果树管理

1 荒野开垦园···························026
◎ 如果土壤排水不好，做成倾斜地········026
◎ 大棚栽培要求地势平坦，露地栽培
  需要暗渠排水·························027
◎ 用稻壳改良露地土壤···················027
◎ 坡地生草栽培·························028

2 水田和熟旱地转换园·················028
◎ 集聚土地，提高土地生产率和劳动生产率··028
◎ 水田和熟旱地也要重视排水············029
◎ 以建成整体平坦的葡萄园为目标········030

3 栽植穴的制作方法···················030
◎ 栽植时间·····························030
◎ 栽植穴的大小·························031
◎ 栽植穴里要放足肥料···················031
◎ 葡萄耐旱·····························032

4 苗木的选择·························033
◎ 提前订购，不要吝惜苗木费用··········033
◎ 新品种和脱毒苗必须有鉴定书··········033

5 栽植数量和栽植方法·················034
◎ 不要为了早期高产而过度密植··········034
◎ 确定适当的栽植数量···················034
◎ 绝对不能深栽·························035
◎ 避免栽植损伤和栽植过深··············036

6 如何从第2年开始获得高产量·········036
◎ 栽植当年让新梢充分伸展··············036
◎ 每半个月施1把硫酸铵·················037
◎ 勤快地引缚是枝梢延伸的诀窍··········037
◎ 即使土壤中含镁也会缺镁，但放着不管
  也会变好·····························038

7 新建园要注意的病虫害···············039
◎ 黑姬象鼻虫和葡萄卷叶金象············039
◎ 天蛾类和金龟子类·····················039

第 4 章

休眠期管理

1 盲目深耕只会白费力气 ················· **042**
- ◎ 40~50 厘米的深度足够了 ················ 042
- ◎ 应该深耕全园吗 ························· 042
- ◎ 肥沃地的深耕应在树势稳定之后 ·········· 043
- ◎ 采收后 1 个月开始深耕 ·················· 043

2 最大限度地利用少量有机物 ············ **044**
- ◎ 有机物施用量由土壤量决定 ·············· 044
- ◎ 大棚栽培时要表面施用和深耕施用相结合 ·· 044
- ◎ 完全腐熟的牛粪树皮堆肥使用方便 ········ 044
- ◎ 地温越高,有机物消耗越快 ·············· 045

3 全园深耕结束后的作业 ················· **045**
- ◎ 再深耕从第 6 年开始 ···················· 045
- ◎ 不必担心切断根系 ······················· 046
- ◎ 大棚限根区域土壤改良 ·················· 046

4 即使深耕也不能缺少基肥 ·············· **047**
- ◎ 深耕的效果要在第 2 年才显现 ············ 047

- ◎ 基肥大多施在主干附近 ·················· 048
- ◎ 施用钙要适量 ··························· 049
- ◎ 不忘施用微量元素 ······················· 049

5 追肥何时见效 ···························· **049**
- ◎ 从施用到见效需要 2 周 ·················· 049
- ◎ 开花期前依赖贮藏养分生长 ·············· 050
- ◎ 叶面喷施的效果立竿见影 ················ 050
- ◎ 镁缺乏要尽早进行叶面喷施 ·············· 050

6 施肥设计要符合自己的风格 ············ **051**
- ◎ 吸收量和施肥量不同 ···················· 051
- ◎ 根据树势和土壤改良程度增减施肥量 ······ 051
- ◎ 施肥时期要与生长发育相适应 ············ 052

**7 落叶和修剪下来的枝条可以用作土壤
改良材料** ································· **052**
- ◎ 用作肥料也很珍贵 ······················· 052
- ◎ 深埋杀虫 ······························· 053
- ◎ 落叶自然集中的方法 ···················· 054

第 5 章

整形修剪的思路与方法

1 树形与修剪的思路 ······················· **056**
- ◎ 棚架栽培葡萄优势明显 ·················· 056
- ◎ 棚架栽培整形的长梢和短梢 ·············· 057
- ◎ 希望得到推广的修剪诀窍 ················ 058

2 X 形自然整形(长梢修剪) ············· **058**

- ◎ 长梢修剪——确保主枝长势不衰的
  修剪方法 ······························· 058
- ◎ 长梢修剪——树形是这样形成的 ·········· 060
- ◎ 长梢修剪——修剪不是根据树形而
  是根据树势来判断的 ···················· 061
- ◎ 长梢修剪——结果母枝的强弱与修剪 ······ 064
- ◎ 长梢修剪——与产量和树势相适应的修剪 ·· 066

3 H形平行整形（短梢修剪）……068
- ◎ 短梢修剪——基础是主枝的平行性……068
- ◎ 短梢修剪——现在的枝条管理技术导致叶面积指数低……069
- ◎ 短梢修剪——增加叶面积就能高产……070
- ◎ 短梢修剪——栽植株数和整形方法……071
- ◎ 短梢修剪——树形培养的步骤……073
- ◎ 短梢修剪——确保结果的结果枝修剪……075

第6章 萌芽期至养分转换期的管理

1 萌芽率和萌芽势的判断和对策……078
- ◎ 萌芽不整齐的对策……078
- ◎ 不萌芽的原因是主芽枯死……078
- ◎ 结果母枝基部萌芽不良……079

2 必要的果穗数量与疏穗时机……079
- ◎ 花穗越多、越大，营养状态越好……079
- ◎ 所需花穗数和无籽栽培的疏穗……079
- ◎ 有籽栽培的疏穗……079

3 引缚与扭枝相结合……080
- ◎ 引缚在开花期前后进行……080
- ◎ 对短枝放任不管……080

4 抹芽的判断和方法……081
- ◎ 存在不需要的芽……081
- ◎ 长梢修剪的疏穗……081
- ◎ 短梢修剪的抹芽……081

5 符合栽培目的的摘心技术要点……082
- ◎ 有利于结果的摘心……082
- ◎ 控制新梢生长的摘心……082

6 短梢修剪的摘心……083

7 霜冻预防要与生长发育阶段相适应……083
- ◎ 1小时下降1℃时就要注意……083
- ◎ 遭受霜害后要强修剪……084

8 采用嫩枝嫁接还是鞍接……084
- ◎ 嫩枝嫁接是更新品种的捷径……084
- ◎ 嫩枝嫁接很容易……085
- ◎ 鞍接的步骤……085

第7章 开花结果期的管理

1 新梢长势的判断……088
- ◎ 生长的新梢与停长的新梢的区别……088
- ◎ 有籽栽培的新梢（结果枝）……088
- ◎ 开花期前后新梢长势的判断……088

2 花穗的修剪……089
- ◎ 有籽栽培的疏穗和花穗的短截……089
- ◎ 赤霉素处理的葡萄必须尽早疏穗……090
- 专栏 如何计算1000米²的新梢数量和果穗数量……090

3 赤霉素处理时期的判断·················091
◎ 处理时期根据结果枝和花穗的状态判断······091
◎ 玫瑰露的果穗松散，方便粒粒、味美·······092
◎ 美洲 2 倍体品种以玫瑰露为标准················092
◎ 盛花期赤霉素处理要根据品种和树
势判断·································092
◎ 链霉素处理的果实完全无籽················093
◎ 使用前仔细阅读农药和生长调节剂等的
说明书·································093

4 用"轻松杯"进行赤霉素处理············093

5 防止斑驳型着色障碍的方法·············094

6 用缩节胺液剂使有籽巨峰稳定坐果······095

7 果肥的正确施法·······················095
◎ 果肥以氮为主，而不是钾················095
◎ 坐果后尽快施用························096

8 快速施肥且不浪费的诀窍···············096
◎ 施肥与灌水相结合······················096
◎ 待雨施肥·······························096

第 8 章

果实膨大成熟期的管理

1 容易混淆的目标产量和适宜产量·········098
◎ 目标产量只是希望产量··················098
◎ 符合干物质生产量和果实分配率的
产量是适宜产量························098

2 叶面积指数增加，光合产物也会增多 ···099
◎ 什么是叶面积指数······················099
◎ 光合作用机制和叶面积指数··············099
◎ 光合产物（干物质生产量）随叶面积指数的增
加而增多·······························100
◎ 叶面积指数增加过多会产生负面作用······100

3 葡萄的最佳叶面积指数是 3~4············101
◎ 最佳叶面积指数因光照强度不同而异······101
◎ 叶面积指数为 4、产量为 3 吨的阳光玫瑰····101
◎ 叶面积指数为 2 以下的阳光玫瑰··········102
◎ 直射光着色品种的叶面积指数控制在 2 或 3···102

4 这样判断（测量）叶面积指数···········103
◎ 利用照度计测定的简易方法··············103

◎ 从棚下草的状态判断····················104
◎ 在晴天的白天测量棚面亮度··············104

5 提高叶面积指数的方法·················105
◎ 长梢修剪提高结果母枝密度，短梢
修剪则增加结果母枝数量················105
◎ 重要的是叶片要均匀地覆盖整园··········105
◎ 不用引缚也能使生长整齐一致的方法······106
◎ 百闻百见不如一行——实践一下确认
正确与否·······························106

6 增加光合产物（干物质）向果实分配····106
◎ 新梢（结果枝）越短，向果实分配的
光合产物就越多························106

7 适宜产量（适宜坐果量）的确定方法···107
◎ 葡萄的产量极限························107
◎ 这样确定适宜产量（适宜坐果量）········108
◎ 根据成熟期的光照来判断不同栽培类型的
坐果率·······························109

- ◎ 初结果树根据盛花后 1 个月的新梢长度判断产量 ·················· 110
- ◎ 最终定穗在果粒软化期前进行 ·················· 110

8 趁早粗疏穗，留穗不用在意枝条 ········· 111
- ◎ 以 1 天完成 1000 米² 的速度疏穗 ·················· 111
- ◎ 即使坐果不均匀也要留下好果穗 ·················· 111

9 疏粒的方法 ·················· 111
- ◎ 无籽大粒葡萄的疏粒方法 ·················· 112
- ◎ 玫瑰露的疏粒方法 ·················· 112
- ◎ 有籽巨峰、先锋的疏粒方法 ·················· 114

10 促进着色的方法 ·················· 114
- ◎ 着色期叶色越深越好 ·················· 114
- ◎ 果实温度越低越好 ·················· 115
- ◎ 环状剥皮促进着色和成熟 ·················· 115
- ◎ 环状剥皮的时期是开花后 1 个月 ·················· 115

11 如何防止大雨造成裂果 ·················· 116
- ◎ 不让雨水进入园内 ·················· 116
- ◎ 增强果皮韧性 ·················· 116

12 防止连阴雨后的高温干旱引起褐变 ····· 117

13 夏季修剪是常识 ·················· 118
- ◎ 枝条过度生长是营养浪费 ·················· 118
- ◎ 叶数在 20 片以上的新梢短截 ·················· 118

14 是否套袋与套袋时机的判断 ·················· 118
- ◎ 有必要套袋吗 ·················· 118
- ◎ 套袋要尽早 ·················· 119
- ◎ 小心蓟马和卷叶蛾 ·················· 119

15 用防鸟网最可靠 ·················· 119

16 采收适期的判断方法 ·················· 120
- ◎ 只靠着色判断采收适期是危险的 ·················· 120
- ◎ 早晨采收的葡萄贮藏性好 ·················· 120
- ◎ 按大小采收便于整理 ·················· 121
- ◎ 从好的果穗开始采收 ·················· 121
- ◎ 站在消费者的角度思考 ·················· 121

17 销售消费者喜欢的葡萄提高信用 ······ 121
- ◎ 比起提早上市与注重外观，味道更重要 ····· 121
- ◎ 信用一旦丢掉了就很难恢复 ·················· 122
- ◎ 礼品葡萄不仅要有味道，还要有外观 ······ 122

第 9 章
贮藏养分积累期的管理

1 采收后也要重视叶片管理 ·················· 124
- ◎ 采收后的叶片对于养分贮藏不可或缺 ····· 124
- ◎ 礼肥在采收过程中施用 ·················· 125
- ◎ 落叶前氮从叶片转移到枝条中 ·················· 125
- ◎ 对强势树和二次生长树停止施用礼肥 ····· 126
- ◎ 采收后全园充分喷洒波尔多液 ·················· 126

2 新梢（结果母枝）只要 3~5 个芽充实就足够了 ·················· 127

3 根据树龄间伐和缩伐 ·················· 127
- ◎ 冬季修剪时间伐已经晚了 ·················· 127
- ◎ 在初结果树园一定要果断间伐 ·················· 128

XI

第 10 章

病虫害的有效防治

1 早发现和切实防治的诀窍 ………… 130
- 发现病虫害的技巧 ……………………… 130
- 不要忘记确认防治效果 ………………… 131

2 葡萄上容易出现的病虫害 ………… 131
- 露地栽培容易出现的病虫害 …………… 132
- 大棚栽培容易出现的病虫害 …………… 133

3 高明的农药选择与使用方法 ……… 133
- 大棚中常见的灰霉病耐药菌——注意轮换使用农药 ……………………………………… 133
- 别忘了在叶片正面喷洒农药 …………… 134
- 展着剂的使用方法 ……………………… 134
- 溶解方法因剂型而异 …………………… 134
- 悬浮剂造成的果面污垢不明显 ………… 135
- 容易失败的混用和稀释倍数的判断 …… 135
- 活用石硫合剂和波尔多液 ……………… 135

4 兽害对策 ……………………………… 136

第 11 章

设施栽培

1 大棚栽培的优点 ……………………… 138
- 历史悠久的葡萄大棚栽培 ……………… 138
- 避雨防风的稳定栽培 …………………… 138
- 光照减少 20%~30% …………………… 139
- 光合作用时间和周期更长,生产效率更高 … 140

2 大棚的构造与附属设备 …………… 141
- 屋脊形大棚 ……………………………… 141
- 拱形大棚 ………………………………… 145
- 其他大棚 ………………………………… 146
- 哪个方向更适合 ………………………… 147
- 使棚内温度均匀 ………………………… 148
- 配套设备 ………………………………… 149

3 栽培类型与打破休眠、促进萌芽 …… 150
- 栽培类型的分类和选择 ………………… 150
- 打破休眠与促进萌芽 …………………… 152

4 温湿度管理 …………………………… 153
- 温度管理 ………………………………… 153
- 开放大棚后的通风与温湿度控制 ……… 155

5 防风 …………………………………… 156
- 风是葡萄树的大敌 ……………………… 156
- 防风的具体方法 ………………………… 157

6 设施、机械的检查与修整 …………… 159
- 除锈要在秋季进行 ……………………… 159
- 尽早修理大棚和棚架 …………………… 160
- 注意管材固定部位的铁锈 ……………… 160
- 暖风机、灌水设备等机械设备都要仔细检查 … 160

附　录

附录 A　阳光玫瑰不同栽培类型的操作管理一览表(安田) ……………………………… 161
附录 B　玫瑰露不同栽培类型的操作管理一览表(安田) ………………………………… 163

第1章

看图进行生长发育诊断与作业判断要领

1 棚面的亮度以叶面积指数 4 为宜

叶面积指数（LAI）是全叶面积除以土地面积的值，值为 4 则叶面积指数为 4（LAI 4），就是指这片土地上 4 片叶没有缝隙地重叠排列，叶面积指数为 3 是指 3 片叶重叠排列，叶面积指数为 2 是指 2 片叶重叠排列。

通过下述图片判断葡萄成熟期前的状态和生产力，这些图片都是在 7 月 1 日（晴天）的正午拍摄的。

图 1-1 所示，对于在晴天多的时期成熟的品种和栽培类型来说，亮度正好（达到最佳叶面积指数）。这是以高品质多采收为目标的最佳亮度，棚下几乎不长草。白天棚下光照强度约为 2000 勒。

图 1-2 所示，对于雨天多的时期成

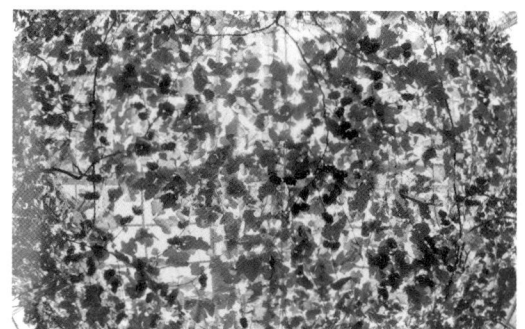

图 1-1　叶面积指数约为 4 的棚面亮度（上图）和地面的叶荫（下图）

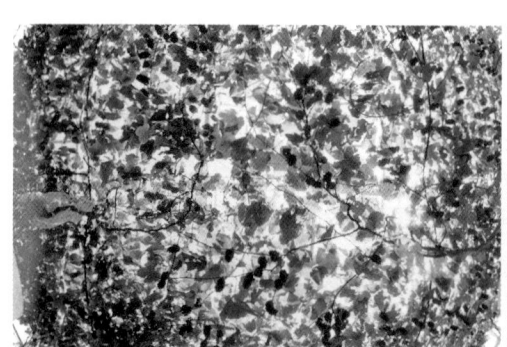

图 1-2　叶面积指数约为 3 的棚面亮度（左图）和地面的叶荫（右图）

熟的品种和栽培类型，亮度是适当的，但对于晴天多的时期成熟的品种和栽培类型，亮度就过高了。

图 1-3 所示，棚面太亮（即叶面积指数太低），要想高产有些困难，所以要少结果。因此，这种情况下产量低而且容易出现日灼。

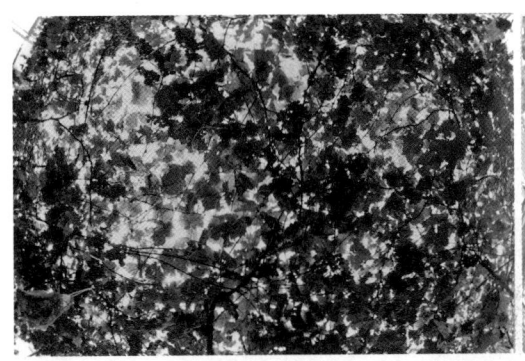 

图 1-3　叶面积指数约为 2 的棚面亮度（左图）和地面的叶荫（右图）

2　贮藏养分和腋芽的萌发

萌芽前在结果母枝的腋芽上下进行环状剥皮，腋芽仅靠结果母枝环状剥皮间贮藏的养分萌发生长。图 1-4 中最左边是未处理的。剥皮后枝条中所含的贮藏养分不会上下移动，所以两处剥皮间距离越长，腋芽萌发生长越好，右边最短的腋芽萌发生长较差。另外，贮藏的养分与老枝和根的体积成正比。

图 1-4　贮藏养分和腋芽的萌发生长状态

图 1-5 中，向右侧倾斜伸展的大芽是主芽，向左侧正上方伸展的芽和主芽下面稍膨大的是副芽。通常只有主芽萌发，副芽在主芽受晚霜等原因影响时才会萌发，但巨峰的副芽经常萌发。

生长好的副芽可以作为结果枝充分利用，弱的副芽不能作为结果枝，但也可以作为"赚钱枝"利用。

图 1-6 中，右侧是健全的腋芽，中心有主芽，两侧有副芽；左侧是主芽枯死后的腋芽。这种现象在玫瑰露上几乎看不到，但在巨峰等 4 倍体品种中很常见。而且，多见于强势的结果母枝，特别是二次生长后的一次生长部分多见。

图 1-5 健全的巨峰腋芽萌发

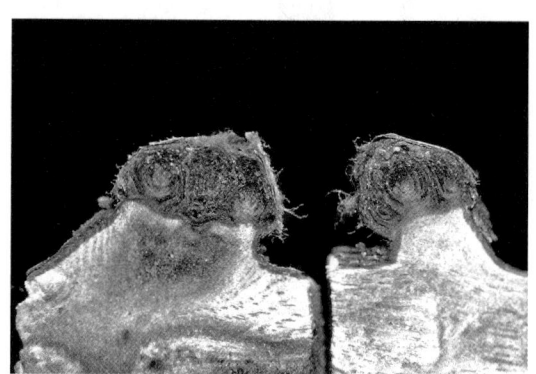

图 1-6 巨峰腋芽内的主芽枯死

树液向上流动时，在腋芽前端 5 毫米处刻芽（目伤），所有的节都能萌发（图 1-7）。但这些大多是从主芽枯死的腋芽长出来的，所以很瘦弱。

即使是这样的新梢，只要有花穗就能结果，让其萌发，就能使树势向好的方向发展，迅速增加叶面积指数。

图 1-7 巨峰刻芽后的长结果母枝上的芽萌发

3 通过新梢先端判断树势

开花后 2 周左右，结果枝像图 1-8 中的这种程度是最理想的，所以不必摘心，结果也会很好，确认结果后尽快按标准量追肥。

开花后 1 个月左右，如果只长在主枝或亚主枝先端的新梢像图 1-9 中的这种程度没有问题，确认结果后再施一些追肥。若很多新梢都是这样，就过旺了，要摘心不让其伸长，控制追肥。

图 1-8　玫瑰露即将停长的新梢

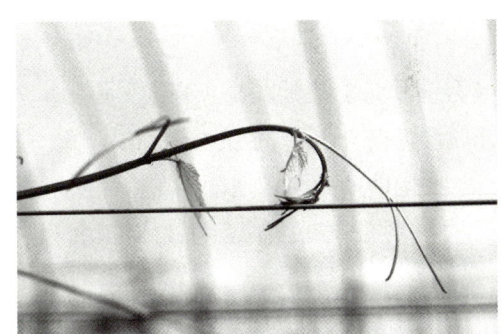

图 1-9　玫瑰露稍旺的新梢

玫瑰露过旺的新梢（图 1-10），茎粗、节间长，副梢伸长得很猛，卷须粗，新梢卷曲严重。另外，其叶片大而宽，且颜色深。在以扩大树冠为目的的第 1~2 年是理想的树势，但对成年树来说是危险信号。

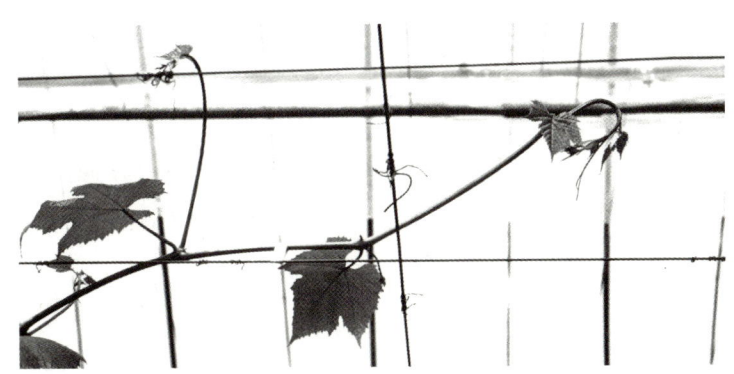

图 1-10　玫瑰露过旺的新梢

如果开花后 1 个月新梢仍能伸长,则应进行彻底的夏季修剪,不让其伸长,或者从基部剪掉。此期不需要追肥。

4 生长发育阶段与结果枝的好坏

如图 1-11 所示,在开花前的巨峰结果枝中,最左边的枝条过于强壮,会引起落花,不适合有籽葡萄生产。中间 3 根长势中等,既适合有籽葡萄生产,也适合无籽葡萄生产。最右边的枝条太弱,容易落花,所以不结果,可以用作"赚钱枝"。

开花前的阳光玫瑰结果枝,见图 1-12。从右起依次长 173 厘米、100 厘米、84 厘米、45 厘米。最右边的新梢长势强,作为扩大树冠的主枝或亚主枝延伸用,作为结果枝利用时要强摘心。最左边的新梢作为"赚钱枝"利用比较好。

中间的两根生长适度,在盛花期采用赤霉素(GA)处理,结果很好。如果担心结果不好,可以在展开 7~8 片叶时摘心。

图 1-11　开花前的巨峰结果枝

图 1-12　开花前的阳光玫瑰结果枝

5 不同栽培模式造成的枝条生长差异

在不同栽培模式下（表 1-1），玫瑰露的结果枝状态也有差异，见图 1-13。图中枝条均为 4 月 8 日剪取，长势良好。

表 1-1 玫瑰露的不同栽培模式

图 1-13 中的位置	栽培模式	覆膜	加温开始	赤霉素处理	开花期
最左边枝	超早期加温	11 月 2 日	12 月 15 日	1 月 17 日	2 月 2 日
第 2 枝	早期加温	12 月 2 日	1 月 20 日	2 月 10 日	2 月 20 日
第 3 枝	普通加温	2 月 10 日	2 月 23 日	3 月 18 日	3 月 25 日
最右边枝	无加温	3 月 4 日			

在不同栽培模式下，有籽巨峰的结果枝状态见图 1-14。图中枝条均采于 6 月 13 日，从左至右的栽培模式分别为早期加温栽培、普通加温栽培、无加温栽培、露地栽培。露地栽培的结果枝长势稍强，其他栽培模式的枝条均为理想状态。

图 1-13 不同栽培模式下的玫瑰露的结果枝状态

图 1-14 不同栽培模式下的有籽巨峰的结果枝状态

6 深耕与新根的产生

深耕时切断的直径为1厘米左右的根长出的新根(白根)，见图1-15。断根处会长出许多新根，所以深耕时切断粗根也没关系，但要用锯子或剪枝剪将断根处处理平滑。

日本冈山县玻璃温室栽培的7年生亚历山大麝香葡萄园的深耕年份和根系发生情况，见图1-16。图中右边是深耕第1年的根，明显少于左边深耕第4年的根，而且第1年根的颜色是白的。但这很难用肉眼判断。

图1-15　1年就长出这么多新根

据园主介绍，可以通过灌水后的干燥程度来判断根系的吸收能力。因为萌芽后一段时间没有长出新根，所以深耕第1年干得最慢，但到了新根长出的7月左右就开始最早变干了，所以第1年根的活力很高。该园是冈山县屈指可数的优秀葡萄园，这一年的产量超过了2000千克[一]。

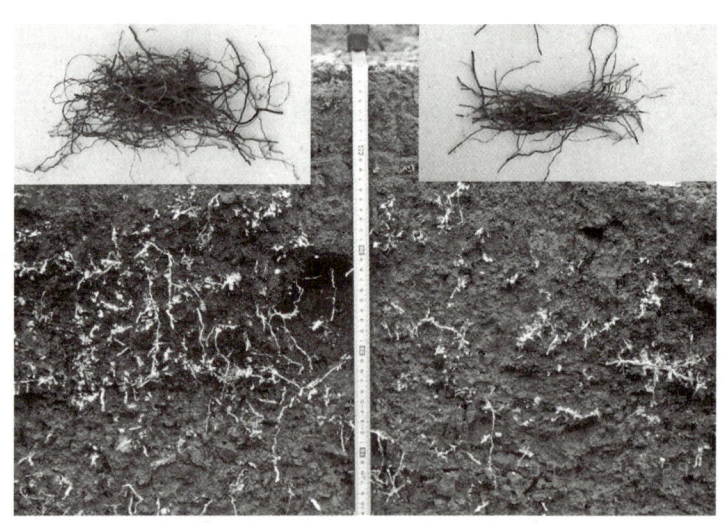

图1-16　新根的活力很高

[一] 如果不特别提及，本书中所说的产量均为1000米^{2}的产量。——译者注

7 花穗的生长与赤霉素处理、果穗整形

◎ 开花期前用赤霉素处理玫瑰露的花穗与果穗

到葡萄开花期,覆盖着雄蕊和雌蕊的花萼裂开就开花了(图1-17)。要生产松散的果穗,就尽早用赤霉素处理,可在花萼不脱落的情况下使子房膨大,获得大果。

图1-18为处于赤霉素处理适期的开花前的玫瑰露结果枝。8片叶展开,第1、第2花穗上方的二次花穗略有散开,第3、第4花穗几乎没有散开。与过去不同的是,现在为了不疏粒,人们喜欢松散的果穗。在这种情况下,第3、第4花穗处于最佳处理期。由于加用氯吡脲,所以不需要摘心,但在树势强的情况下也要摘心。

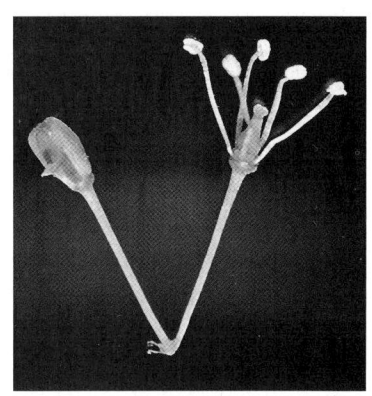

图1-17 玫瑰露的花

图1-19中的4穗果从左起轴长分别为7.7厘米、12.3厘米、9.5厘米、7.5厘米,每穗的果粒数分别为90粒、135粒、90粒、70粒。因此,每厘米轴长的果粒数从左至右分别为11.7粒、11.0粒、9.5粒、9.3粒。左边2穗果穗稍紧,右边2穗果穗稍松散些,9粒/厘米是适当的整形方法。结果过多又不疏粒,就会有裂果的风险。

图1-18 处于赤霉素处理适期的开花前的玫瑰露结果枝

图1-19 玫瑰露的疏粒

◎ 盛花期果穗（阳光玫瑰）的赤霉素处理与整形

即使对葡萄的新梢进行短梢修剪，其长度也要保持在 2 米以下停长为好。花穗带一点徒长，就不易产生种子，无籽果粒初期膨大也较好。因此，展开数片叶后，能摘取花穗时，根据目标花穗数，摘除多余的花穗（图 1-20）。

在开花初期，留下阳光玫瑰花穗前端 2~3 厘米（图 1-21），在其上方 3 厘米处留 2 个二次花穗用于判断是否进行了赤霉素处理。其他品种在盛花期也进行相同的处理。

图 1-20　摘除多余的花穗

第 1 次赤霉素处理在盛花后 3 天内进行（图 1-22），处理时摘取一个果穗枝梗以标记进行了赤霉素处理。10~15 天后进行第 2 次赤霉素处理时疏除残余的果穗枝梗，以表明第 2 次处理完毕。赤霉素和氯吡脲的浓度按药剂说明书配制。

阳光玫瑰葡萄以 600 克/穗为目标时，穗轴长为 8~9 厘米，二次果穗数为 12~13 段，果粒数为 40~45 粒（图 1-23）。在相同穗轴长的情况下，果粒越大，果穗越紧密，因此要考虑各个品种和自家果园的果粒膨大情况来确定穗轴长。

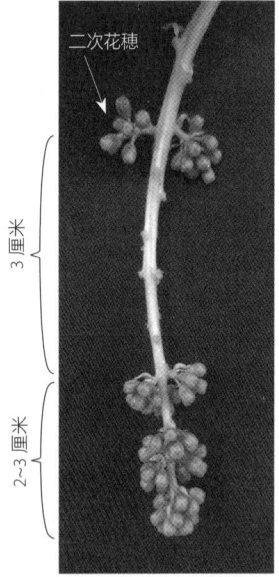

图 1-21　阳光玫瑰剪花穗（安田 供图）

图 1-22　阳光玫瑰的赤霉素处理（安田 供图）

图 1-23　阳光玫瑰果穗整形（安田 供图）
左图：疏粒前；右图：疏粒后

8 设施的种类

人们居住的房屋的结构中最常见的是屋脊形结构,同样,葡萄大棚也最好是简单、坚固、易于保温和通风的屋脊形大棚(图1-24)。

软质聚氯乙烯薄膜被开发之后,拱形大棚得到普及。虽然有通风困难和抗灾能力差的缺点,但由于应用历史悠久,至今仍是应用最多的大棚(图1-25)。

图1-24 采用屋脊形大棚最为理想

图1-25 拱形连栋大棚应用较多

为了避免病害,安装在葡萄架以上的部分覆盖棚⊖正在增加(图1-26)。这种设施初期投资少,但抗灾能力差。因为架子上有空间,如果要防虫和防鸟等还需要追加一些新的材料。

像日本海沿岸这样因强烈季风而难以种植葡萄的地区,如果将葡萄棚架做成两层,上面的棚架用网覆盖,像部分覆盖棚那样便可以实现稳定生产(图1-27)。

图1-26 部分覆盖棚使用很经济

图1-27 露地双层网架有助于实现稳定生产

⊖ 即避雨棚。——译者注

9 物质生产量的测定

图 1-28 中左侧为果实、新梢（叶柄、叶片、第 1 年形成的茎），以及新根。右侧的上方是老枝，下方是老根，今年的年轮部分加上 1 年生长形成的部分，就是今年的物质生产量。

把土里的根挖出来要费很多力气（图 1-29），而且很难把根全部收集起来，估计土中会留下不少。

老枝和老根，要测量当年形成的年轮的宽度（图 1-30），还要削下来测定干物质量。

测量树冠面积后，按器官分开，测量质量和长度（图 1-31）。再把各器官的样品拿回去测量叶面积和干物质量。

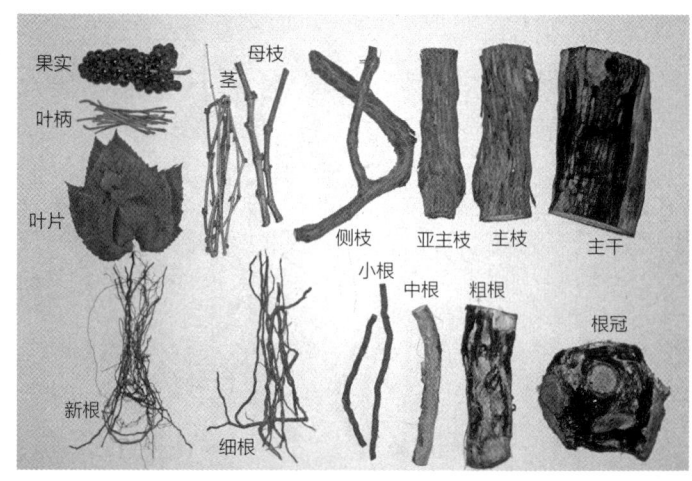

图 1-28 果实、新梢、新根，以及老枝和老根 1 年的年轮为 1 年的物质生产量

图 1-29 挖根是个大工程

图 1-30 把 1 年的年轮削下来

图 1-31 测量树冠，再分器官进行测量

第 2 章

改善操作的新想法和建议

1 让葡萄树告诉我们怎样改变栽培方法

◎ "首先确定目标产量!"这种想法的不可取之处

根据目前的葡萄栽培理论,最重要的葡萄产量与留枝、留穗数量是这样计算的吧。

例如,在玫瑰露栽培的总结会上,首先确定 1000 米^2 的目标产量为 1.5 吨,推定 1 穗葡萄的质量为 100 克,根据以上的数值计算出对应的必要葡萄穗数为 15000 穗(1500 千克 ÷0.1 千克/穗)。

接着确定每根结果枝的果穗数。1 根结果枝结 2 穗葡萄,则需要 7500 根结果枝(15000 穗 ÷2 穗/根)。结果枝按留 5 个芽修剪,并按 75% 的萌芽率计算,1000 米^2 需要的结果母枝为 2000 根,每平方米棚面留 2 根结果母枝即可。

再举个大果粒葡萄的例子。根据供货量和农家的平均产量等情况,总以为不管怎样,1000 米^2 的产量也有 1800 千克,若每穗重 600 克,1000 米^2 的果穗数就是 3000 穗。栽培指导方针是生产的葡萄每穗重 600 克,产量为 1800 千克。

这是非常容易理解的想法。但是,栽培后就会发现,实际情况往往不是这样。

◎ 产量由葡萄树的干物质生产能力决定

产量是指果实的鲜重,采收不结束是无法确定的。而且,上述的这个理论认为产量是可以自行确定的。如果这样的理论成立,不将目标产量设定为 1.5 吨,而是将其设定为 10 吨应该也可以。但是,谁都知道这是不可能的。

除去果实中的水分,剩下的几乎都是糖。这种糖是通过光合作用产生的,是葡萄树生产的干物质[⊖]的一部分(图 2-1)。

㊀ 干物质是指构成植物体的物质。光合产物[主要是碳水化合物,如单糖(葡萄糖、果糖)、双糖(蔗糖)和多糖(淀粉)]和肥料成分(氮、磷、钾等)合起来的量就是干物质量,大部分是通过光合作用生产的。因此,可以认为干物质生产和干物质生产能力是指如何有效地进行光合作用,并将光合产物多分配给果实,提高其产量和品质的能力。

如果是这样,产量就取决于葡萄树生产干物质的能力。此外,还应该受到干物质对果实的分配方式的影响。如果不知道这些,是无法预测产量的。

◎ 通过改善操作最大限度地发挥树的干物质生产能力

首先在进行修剪的时候,要根据当年的天气、果实产量、果实品质、施肥量等来判断树势的强弱,然后进行适当强度的修剪。之后一边观察其生长状态,一边进行摘心、扭枝、增减追肥等操作。并且,考虑结果状态和果穗的大小,以及叶片繁茂状况(叶面积指数)和新梢停止生长的时间等,确定花穗数以达到适当的结果量。这是遵循自然规律的做法,即遵循干物质生产理论的栽培(图 2-2)。本书将根据自然规律,最大限度地发挥树的干物质生产能力,介绍获得美味、高品质、高产葡萄的思考方法和操作改善方法。

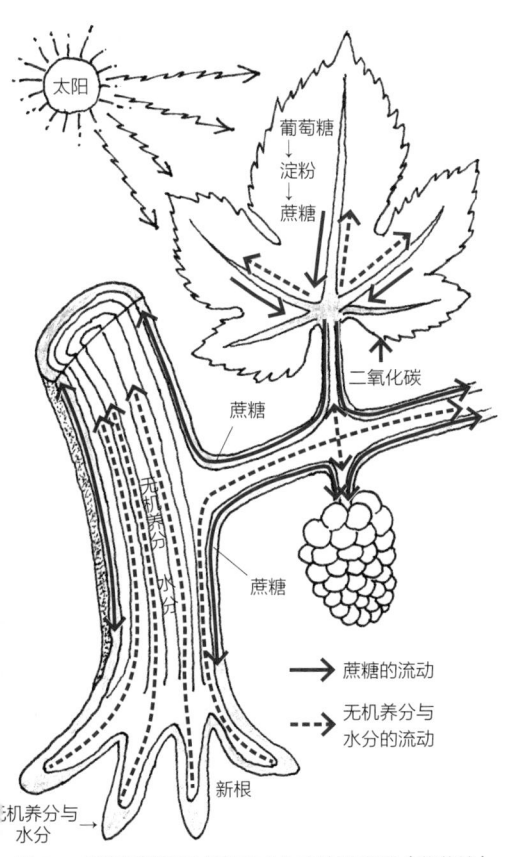

图 2-1 葡萄树利用叶片的光合作用生产的糖(葡萄糖)和根系吸收的无机养分进行生长

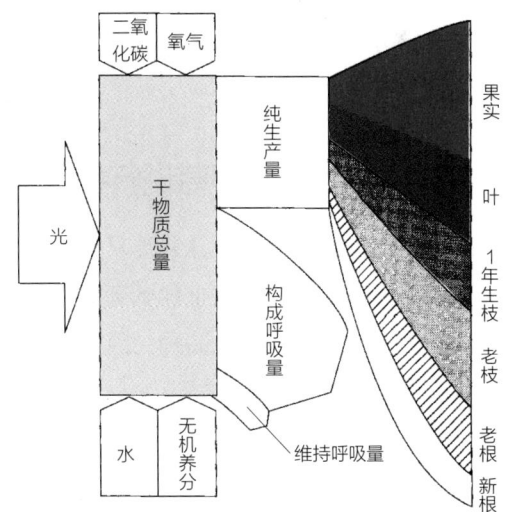

图 2-2 生产的干物质向以果实为首的各器官分配,形成葡萄的树形

构成呼吸量:用于器官和组织构成、干物质生产中的能量消耗
维持呼吸量:用于维持生命活动时呼吸的能量消耗

2 抹芽是高品质高产的大敌

◎ 越是短枝上的叶片，光合作用能力越强

叶片光合作用生产的干物质被分配到果实、枝条、根、叶等整株树的不同器官中。

光合产物几乎都是由叶片产生的，所以叶片越多，光合产物就越多。而叶片长在新梢上，所以新梢越多、越长，叶片就越多。因此，要想增加干物质量，只要多留些新梢，让其伸展就可以了。

但是，叶片并不是一次性长出来的，而是随着新梢的生长不断长出来的。因此，越靠近新梢基部的叶片生长得越早，而先端的叶片生长得最晚，其时间差有1个月；如果是长10米的新梢，在采收后也会长出叶片，其时间差长达3个月以上。

也就是说，长得越早的叶片不仅光合作用时间长，而且到成熟期为止的工作量大，即使是同样面积的叶片，长得越早的叶片生产的干物质越多，分配给果实的也越多。有数据显示，叶片老了，其光合作用能力就会下降，但只要叶色相同，无论早长晚长，光合作用能力都一样。

葡萄栽培有抹芽的习惯，特别是疏除短枝较多。这种枝梢管理方法在其他果树上很少采用，这是问题所在。

◎ 没有根据的对葡萄进行彻底抹芽

在果树中，需要彻底抹芽的只有葡萄。为什么会这样，主要原因有两个。

第一，日本真正意义上的葡萄栽培始于甲州（品种名）。甲州是光不直接照射果穗就不会上色的直射光着色品种。因此，为了使棚面明亮，早期将较短的新梢间疏的抹芽技术就被确定下来。

第二，以前人们认为葡萄的果穗只接受果穗枝上叶片的糖，而不会从其他新梢中摄取。因此，将不结果的新梢，特别是短的新梢，作为不需要的东西而抹除。不结果的新梢也因此被称为"空枝"。

第一个理由有科学依据，因此可以理解，第二个理由则毫无根据。因为，叶片合成的糖（干物质），通过韧皮部（树皮部分）运送至整株葡萄树。这是植物生理学常识，但在葡萄上却不是这样。著者早就通过试验证明了这一点并在1986年的一次学术会议上发表,此后,糖可以从其他新梢自由流转的事实成为常识并在技术上得到应用。

因此,只要叶片没有过于茂盛而导致叶面积指数超过4,或只要不是树势虚弱、隐芽萌发生长为新梢,就最好不要抹芽。

话虽如此,但如果说绝对不可以抹芽,那也是骗人的。其他果树也会抹芽,葡萄的抹芽将在第6章"抹芽的判断和方法"中详细叙述。

◎ 不结果的新梢是"赚钱枝"

新梢不论长短,不结果的新梢都会向结果的枝条输送糖。特别是短的新梢,几乎都将糖送到其他枝条的果穗,对果实品质的提高和产量增加起着很大的作用。所以,不长果穗的营养枝(新梢)不该叫"空枝",而应该叫"赚钱枝"(图2-3)。

图2-3 对阳光玫瑰进行短梢无芽抹梢后的生长发育状况
30根成熟枝条中有20根没有结果的"赚钱枝"

3 重要的是早期花穗的疏穗和疏粒

葡萄的新梢大部分都是结果枝,所以不管是长30厘米、1米或10米,长出2~3个甚至以上的花穗并不稀奇。这样一来,在靠贮藏养分生长的初期放任大量的花穗生长,互相争夺养分,会造成坐果不良和抑制果粒增大。因此,要留出比目标坐果数稍多的花穗,其他花穗尽早疏除。

如果是有籽栽培,则留下新梢容易停长的花穗;如果是无籽栽培,留下的花穗数是目标果穗数的1.2~1.4倍。留下坐果密度适当的花穗,摘去紧密的花穗和落花的花穗。如果花穗数不够,疏粒时就留下着生密的花穗。

尽管这样,一般还是会留下好花穗。开花后10天就可以疏粒,疏得越早,剩下的果粒越大。但是,对于容易出现空隙的阳光玫瑰和早熟甲斐路等品种,在果粒软化期之前进行最后的疏粒是最保险的。

4 生产消费者喜欢的品种

◎ 新品种爆发的时代

在日本，30年前栽培的主要葡萄品种大部分是康拜尔早生、玫瑰露、巨峰、新玫瑰、贝利A麝香和甲州。但是新的种苗法出台后，除了研究机构，个人和企业开发的新品种也急剧增加。果粒大、带有欧洲血统的品种不断增多，品质显著提高，基本上都是经过赤霉素（GA）处理的无籽果实，甚至开始出现可以连皮食用的葡萄品种，可以说进入了品种的"战国时代"。

销售方式也发生了很大变化。以前种植的葡萄全部集中在JA（日本农协）的集市中，然后运往市场，农户只要种植就可以了。但是，现在采用礼品销售、产地直销、采摘销售等直销葡萄方式的农户增加了。果实不好吃，消费者就不会再来了。如果没有好的品种加好的栽培技术生产出让消费者喜欢的产品，产品就会卖不出去。这原本就是买卖的原则。

消费者喜欢的葡萄品种的品质越来越高，所以选择好葡萄品种也是农户的责任，要慎重考虑后确定。

◎ 建议选择欧洲系品种

在进口欧洲葡萄越来越多的情况下，为了不输在品质上，日本本土希望培育出具有浓厚的欧洲血统的优质葡萄品种。即使在多雨的日本，采用大棚栽培也是可能的。带有美国血统的品种的甜度与红糖相似，而纯欧洲系品种的特点是口味清淡，甜度与白糖相似。欧洲人认为葡萄的果皮和种子都可以食用，只剩下细果梗。密歇根大学的教授为了了解日本的葡萄叶面积指数状况，曾访问岛根县农业试验场，他对种子又硬又大的巨峰可以连种子一起嚼碎后吞下去感到吃惊。近年来人气急速增加的2倍体白色大粒品种阳光玫瑰（图2-4）也是可以连皮吃的品种。

图2-4 阳光玫瑰

◎ 怎么选择酿酒葡萄品种

第二次世界大战后曾有过几次葡萄酒热潮，但现在才是真正的葡萄酒热潮，因为卖场里摆满了经过温度管理的来自世界各地的葡萄酒。或许是受此影响，酿酒葡萄栽培成为一股热潮。日本的酿造技术是世界公认的优秀酿造技术，日本产的葡萄酒也受到了世界的关注。

也许正是因为这个原因，日本白葡萄酒的代表性品种甲州（图2-5）自不必说，就连玫瑰露、尼亚加拉等美洲葡萄品种也用于生产品质优良的葡萄酒。

如果酿造葡萄酒，红葡萄酒以赤霞珠（图2-6）或梅洛为主，白葡萄酒以霞多丽（图2-7）或长相思为主。如果能酿造出来，还可以增加其他品种。

在酿酒葡萄的栽培上，有人学习欧洲的做法，采用篱架栽培，但在本书中还是采用日本特有的棚架栽培，以实现高品质高产。

随着日本取消关税浪潮的兴起，低价进口欧洲葡萄酒，价格竞争日益激烈。要战胜欧洲葡萄酒，就必须飞跃性地提高优质葡萄的产量，棚架栽培是酿酒葡萄实现最佳叶面积指数的栽培方式。

图2-5 甲州

图2-6 赤霞珠

图2-7 霞多丽

5 了解并改善环境条件

（1）**气象条件** 这是指葡萄生长所必需的光照、空气（氧气和二氧化碳）、降水、温度（一定范围内的）等，而且适度的风也是必要的。光照可以说是越强越好，但降

雨量以数百毫米为宜，温度则根据葡萄生长期的不同而异，休眠期的极限生存温度为 –45~–15℃。生长适宜温度为 25~30℃。叶面积指数低时风速以 1 米/秒左右为宜，叶面积指数达到 4 时风速以 2 米/秒左右为宜，超过则会阻碍光合作用，所以要用网眼适中的防风网进行防护。

（2）**土壤条件**　土地凹凸程度、排水好坏、肥力、地下水位等都是很重要的，需要斟酌是否适合种植葡萄。在雨水难以渗透的红土等黏质土壤中，地表排水不良会影响葡萄的生长。在这样的土质下，地表需要设置为不影响机械作业的倾斜度（4~5 度），同时还需要改良土壤本身的透水性。

（3）**生物条件**　这指来自病、虫、鸟、兽等动物和微生物的危害，如果这些危害多，会影响葡萄的生产。对病害可用薄膜覆盖进行预防，对虫害和鸟兽害用防虫防鸟网是安全的。对兽害可采用电围栏。

采用设施、材料可准确地控制环境条件，如使用大棚、棚架、农具、机械等，对栽培者来说既有有利的一面，也有不利的一面。因为这些设施、材料都有各种各样的类型，所以确实有必要进行正确选择并充分运用。

6 勤观察是技术提升的秘诀

葡萄栽培中最重要的是葡萄栽培者的技术。对于如何提升技术，这里从著者的经验来谈谈秘诀。

◎ 果树的事问果树

不论掌握多么丰富的知识和理论，如果不了解葡萄园的现状，就无法很好地栽培葡萄。要想了解葡萄园的现状，如是否发生了病害和虫害，或者是否缺肥等，就必须去葡萄园，而且光去还不行，还要仔细观察每个角落。如果不这样做，就像谚语所说的那样，"心不在焉，视而不见"，发现不了病虫害。所以，在观察葡萄园时，要充分调动储备的知识和理论，睁大眼睛仔细观察，这是很重要的。

例如，差不多到出现霜霉病的时期了，就要去看看情况。因为每年最先出现症状的地方都是固定的，所以需要利用已有经验进行观察（图 2-8）。

◎ 田间作业时也能观察

仅仅为了观察去一趟葡萄园未免不太划算。去葡萄园时，随身携带剪枝剪、锯子是常识，最好再带上引缚工具和放大镜。

我会在两个盒子里分别放剪枝剪和折叠锯或疏果剪，腰上系上一条结实的皮带。修剪时会带上引缚绳，还会带上引缚新梢用的尼龙绑扎带。

同时，一定要携带便于放入口袋的笔记本（B6）和圆珠笔，以及20倍左右的放大镜。必要时还需要带上记号笔、卷尺、计数器等（图2-9）。为了随身携带这些物品，我会在夏季穿一件口袋多的马甲。

在对树势、叶面积指数、病害虫发生、风害和鸟害等状况进行观察时，要将注意到的事情马上记录下来。即

图2-8　边工作边观察葡萄的生长发育与病虫害发生状况

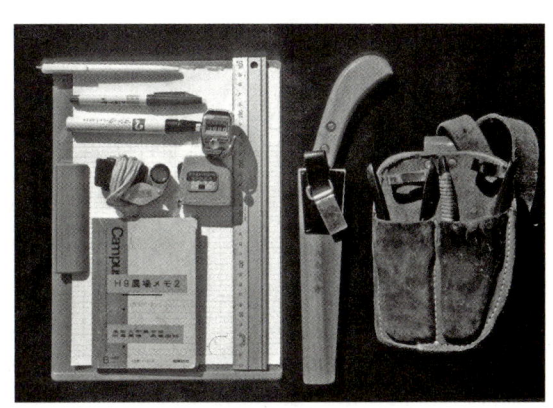

图2-9　在作业中携带的调查工具

使是年轻人，也会不知不觉忘记重要的信息，不时地把笔记拿出来看一看，下一次观察时就能正确判断。

进入园内，不管是引缚还是疏穗，不能只把心思放在这一件事上。关于病虫害的发生自不必说，还要仔细观察叶片的颜色和生长速度等，一边工作一边观察，对全园都这样做，就很少有疏漏。这就是勤观察的作用。

◎ 田间作业速度要跟上葡萄生长速度

我会要求员工具备在同样的时间里做别人3倍工作的能力，但这并不是为了提高业绩。

田间作业并不都是以均匀的速度完成的，特别是对于葡萄栽培。例如，无论多忙，赤霉素处理都必须在1~2天内完成；疏穗和疏粒则越早越好，因为帮忙的人可能会来不了。这时，高效人士和普通人士的工作结果当然大不相同。

如果没有在短时间内准确完成工作的能力，就很难生产出完美的葡萄。而一旦具备了这种能力，紧急的工作也能尽快完成。这样一来，时间就充裕了，可以好好休息，还有时间读书思考，从而进一步提高技术水平。

◎ 遇到困难就问栽培能人

当栽培陷入困境时，或者产生疑问时，该怎么办才好呢？如果是初学者，最好是询问有葡萄栽培经验的人。栽培经验尚浅的时候，即使读了栽培书也会因为专业术语太多等而难以理解其中的知识。在这一点上，栽培前辈会在实物前用通俗的语言传授，作为初学者也能明白。

即使有了一定的葡萄栽培经验，也还是会有迷茫的时候，这时最好不要马上问，因为能够正确回答难度较高疑问的人很少。首先自己仔细思考，阅读各种栽培书籍、杂志文章等，尽量尝试自己解决。

如果再怎么努力也找不到解决方案，那就去问吧。在这种情况下，要先弄清谁是值得问的人。另外，如果有相关的果树研究组织，可以入会，对于技术钻研很有帮助（图2-10）。

我自己也多次拜访山梨县的土屋长男先生，向他求教，获得了很多帮助。葡萄栽培技术是一种技能，能否遇到好老师是极其重要的。

图2-10　葡萄的修剪讲习会
尽可能参加这类讲习会

◎ 百闻不如一见，百见不如一行

俗话说"百闻不如一见"。这句话的意思是，与其听几次，不如亲眼看一看。

即使听到"葡萄的最适宜叶面积指数是4，可使产量大幅增加"，但在看到叶面积指数为4的阳光玫瑰园有3吨果实成熟之前，很多人是无法相信的。这就是"百闻不如一见"。

但是，这样也不能说是真信了。实际上，只有在自己的园子里把阳光玫瑰的叶面积指数提高到4，采收到3吨的果实，才能感受到这是真实的。

要知道听到、看到，以及从书籍和杂志上了解到的知识是否正确，除了尝试之外别无他法，这是提高技术的关键，即"百见不如一行"。

7 熟练使用测量仪器和工具

◎ 剪枝剪和锯子要选好的

果农在作业时一定要带着剪枝剪，但工具的好坏对果树作业的效率有很大的影响。即使工具稍微贵点也要准备质量好的，在剪枝剪和锯子上要不惜金钱。

如今，市面上出现了充电式电动剪枝剪，种类也更多了。随着年龄增长，握力下降，用普通的剪枝剪很难剪断粗枝，这时锯齿式剪枝剪和电动剪枝剪就很有用了。

但是，年轻时用日式或西式的剪枝剪，因为它们比较小巧、好用。我使用的是日式的，冬季修剪时1天要磨1~2次。为此，需要一把容易磨且锋利的剪刀，用左手握着就能简单磨好的剪枝剪是切片与受片齐整、价格高的高级剪刀。如果只是作为一种兴趣来种植葡萄，即使不用高级的剪刀也可以，但也不要选择剪刀受片宽、无法手握着就能磨的剪枝剪（图2-11）。

修剪用的锯子最好也不要买便宜货。修剪锯与木工锯不同，因为是锯活木，所以容易咯吱咯吱响。选锯刃的诀窍：一是锯眼粗；二是基部厚，越到先端越薄，还要选择锯刃侧厚而背侧薄的。

另外，同时使用剪枝剪和锯子时，为了能把两者放在一个盒子里，使用折叠锯更方便。顺便一提，木工锯中也有这种构造的锯子，只要不锯大树枝就都可以使用。锯子也应该每年用锉刀锉一次，不会锉的人最好使用可以更换锯片的锯子（图2-12）。

疏果剪也一样，比起农用剪刀，能切割金属的工业用剪刀更锋利、更耐用，值得一试。类似磁带的胶带很好用，有利于提升引缚效率，这对葡萄而言很重要，但希望进一步改良，使其不容易坏。

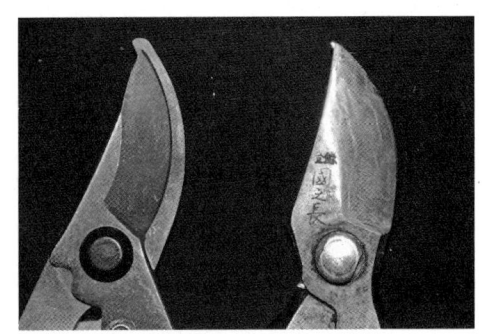

图 2-11　修剪用的剪枝剪
左边的剪刀很难磨，不要选择

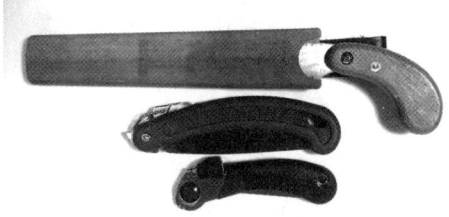

图 2-12　修剪用的锯子
图中是带锯套的锯子与折叠锯；折叠锯也可选用木工锯

◎ 熟练使用机械设备

因为葡萄采用棚架栽培,所以熟练使用能在棚架下工作的机械设备是很重要的。防治病虫害需要动力喷雾器和快速喷雾器,改良土壤需要挖掘机、螺旋钻、挖沟机等,灌水需要太阳能泵、洒水软管、滴灌装置等,加温需要取暖机、多层帘装置等。这些机械设备大多价格昂贵,所以在刚开始种植葡萄时,可以挑选二手的好用设备,或者组装自己能用的设备,并积极利用各种项目补助。

另外,要想熟练使用机械设备,就必须熟悉它们的使用方法。购买时要仔细询问,使用前要仔细阅读说明书。向专家和会使用的农户请教,直到掌握为止,事先练习也是很重要的。

◎ 充分利用科学测定仪器

在果树栽培技术中,磨炼人的感觉很重要,但是要确认感觉正确并反映到技术提高上,科学的数据也很重要。为获得数据而开发了各种测定仪器,包括测定光照量、光照强度、温度、湿度、风速等气象条件和质量的仪器。40 年前,同样精度的仪器价格在日本要 10 万日元(100 日元 ≈4.9 元人民币)以上,但现在 2000 日元左右就能买到。

例如,用辐射温度计可以很容易地测量温室内的气温和地温,以及叶片、果实、枝条的温度,因此可以知道日灼果是否是受高温的影响而产生的(图 2-13)。

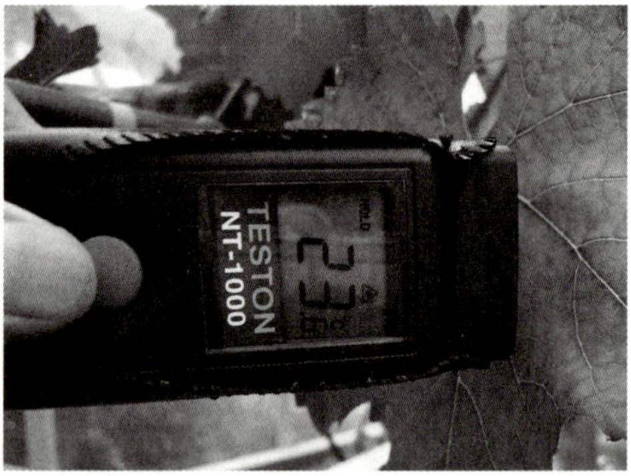

为知道对生长发育和作业的判断十分重要的叶面积指数值,可以使用照度计或日照计。想弄清叶面积指数与叶温、果温的关系,可以用辐射温度计测量。

要想看到肉眼看不见的锈螨和蓟马等,可以用几十倍至 200 倍的显微镜,在日本不到 2000 日元就能买到。

图 2-13 辐射温度计

今后,标记果实的糖度将成为理所当然的事。这样一来,测定糖度的仪器就必不可少了。如果是折射糖度计,1 万日元左右就能买到,可以说是必需品,但是要测量果汁,需要碾碎果粒。

现在开发出红外无损糖度计,也有可供果农个人使用的仪器。虽然价格有点贵,但标明糖度对销售很有利,可根据自身的经营状况购买。

第 3 章

建园、定植与初结果树管理

至今，我已参与建设了4个大型果园。一个是岛根农业试验场（以下简称"岛根农试"）浜田分场迁移扩充带来的阶梯式果园（2.7公顷），一个同样是原产地的果树科的倾斜平坦果园（11公顷），还有日本农协在云南市建的一个平坦大棚专用果园（1公顷），以及一个整合了水田和熟旱地的果园（1公顷）。我想以这些经验为基础，谈一下果园建设的诀窍。

1 荒野开垦园

◎ 如果土壤排水不好，做成倾斜地

日本的荒野地形恶劣，要想建设大规模的果园，需要使用推土机、挖掘机等大型机械，建成的园地也是完全没有肥料的生地（图3-1）。

图3-1 大规模建园广泛采用推土机和挖掘机

在地形上，沙土、沙壤土、黑土等透水性好的土一般都是平地建园，但如果是重黏土或细沙土等透水性较差的土，则要考虑到表面排水问题，最好做成倾斜地。这时，将倾斜度控制在机器不会翻倒的程度（4~5度）。然后用收集的树皮等有机物（未腐熟的有机物也可以）全部撒满，最后用大型搅拌机混匀到50厘米左右的深度。

◎ 大棚栽培要求地势平坦，露地栽培需要暗渠排水

如果是大棚栽培，就不需要考虑降水后的排水问题，但不管土壤的种类如何，都要求地势平坦。土壤改良也只需在种植葡萄的地方进行即可。如果大棚有自动滴灌装置等，则在挖好栽植穴后，根据树冠的大小，对约1/4的葡萄园进行深度为40厘米的深耕。

若以营养液土壤栽培为前提，在种植行上像挖沟一样做栽植穴是合理的。这时，将每根滴灌管占据的宽度设为50厘米，若为4根就是2米。放入化肥和堆肥的深度相同，为30厘米左右即可。但是，长梢修剪的树冠容易扩大。若1000 m^2 种植10株以下，就要扩大深耕范围，滴灌软管呈螺旋状放置，根据栽植穴的大小设置即可（参照后文的图4-6）。

价格便宜的滴灌管用在倾斜的地方，越低的地方水量越大，所以为了使水量均匀，必须尽量水平地建造。如果是坡地，最好沿着等高线建造。如果使用喷水装置或洒水软管，就像露地栽培一样，施足牛粪堆肥等，与土壤充分搅拌改土。

如果是露地葡萄园，应沿倾斜方向，以10~15米的间隔设深1米左右的暗渠排水沟。方法将在后边叙述，如果排水量较大，将波纹管放入沟底即可。

◎ 用稻壳改良露地土壤

土壤的透水性差是因为土壤颗粒小。因此，将颗粒大的沙子掺入土壤比较好，但这需要相当高的费用。比较便宜的方法是利用稻壳。先把稻壳撒在准备挖沟的地面上，再用挖沟机在上面挖。稻壳的量根据土壤的性质而定，宽50厘米、深50厘米的沟，以每米施15千克为宜（图3-2）。

使用挖沟机时，为了让稻壳和土壤充分混匀，要多次混合。这样，排水效果至少可以持续10年。

在实际的操作中，如果将挖沟与深耕相结合会很有效，以每平方米土量施用200千克牛粪树皮堆肥和60千克稻壳后进行深耕为宜。需要注意的是，沟一定要连接到暗渠上，如果不这样做，深耕的地方可能会积水，产生反效果（图3-3）。

图 3-2　利用挖沟机边混合稻壳边挖沟

图 3-3　用挖土机进行沟状深耕

◎ 坡地生草栽培

贫瘠地、黏质土或坡地适合生草栽培。土壤中的有机物每年消耗 1 吨左右。如果是幼树，棚面比较明亮时，可以在栽植穴以外的地方种植意大利黑麦草和小麦等。仅这些地面部分就能生产数百千克的有机物。另外，长草时，土壤会变软，空气更易进入土壤，还能防止土壤侵蚀。

但是，因为在最佳叶面积指数的葡萄园中棚面变暗，棚架侧面等光进入的地方以外几乎不长草。因此，要铺上牛粪树皮堆肥等，以防止土壤侵蚀和提高土壤肥力。

2　水田和熟旱地转换园

◎ 集聚土地，提高土地生产率和劳动生产率

日本的个人农业用地，由于大型机械化作业，水田的集聚程度越来越高，而旱地则大多比较分散。对今后的葡萄园经营来说，在提高土地生产率（提高产量）的同时，提高劳动生产率（提高单位时间产量）变得重要起来。为此，需要将葡萄园集并到一处。

虽然各地情况不同，但多希望通过农田的交换分配和购买等方式将土地集中起来。与过去相比，农田的单价低了很多，所以购买很容易。图 3-4 为将 8 块旱地集并建成约 1 公顷的葡萄园用地，图 3-5 是建成葡萄园第 2 年的状态。

图 3-4 将 8 块旱地集并建成约 1 公顷的葡萄园用地

图 3-5 图 3-4 土地建成的葡萄园第 2 年的状态

◎ 水田和熟旱地也要重视排水

水田和熟旱地的透水性一般都很好，但万一透水性不好，就要和生地一样进行改良。如果土壤肥沃，除了栽植穴以外，不用特别施肥，种植后近十年都不需要深耕。但是，在长时间不耕种的废弃土地上，有时必须深耕。日本的平坦地已经被尽可能地变成了水田。因此，水田多在平原地区，除了改造成水旱两用的田块以外，大多数地下水位较高。葡萄耐旱，即使有地下水，也能很好地生长。但是，在地下水位高的地方最好采取排水措施。在葡萄园周围挖沟是最有效的方法，但如果在周围挖明渠，葡萄园就会变窄，挖沟、除草等作业也会增多。因此，最好设置暗渠排水。以 10~20 米为间隔，挖到能排水到河流的地方，以深 1 米左右为宜（图 3-6）。

图 3-6 水田的暗渠排水施工
在挖好的沟里放入稻壳，在底部放入波纹管

◎ 以建成整体平坦的葡萄园为目标

只要不是特别宽阔的平坦地，不管是水田还是旱地，大多都有高低落差。这时最好进行表土处理，让园地整体变得平坦。如果使用中型推土机整平，价格会比较便宜（图3-7）。

图3-5中的葡萄园面积约为1公顷，分为3个区。如果把1公顷的土地变成一整片葡萄园，总觉得有些不方便，为了让轻型卡车进入，在中间留出3~5米宽的道路，工作效率会提高。

图3-7　利用推土机整平

水田的道路最好修得比水田表面高。旱地则正好相反，道路最好是比旱地表面更低。这是为了防止旱地的表面积水，这一点是水田和旱地道路修建的不同之处，葡萄园道路参考旱地。

3 栽植穴的制作方法

葡萄园建成后，就要着手准备栽植了。面积大、不需要改造的熟旱地，可以直接作为葡萄园使用。

◎ 栽植时间

葡萄的栽植时期是从落叶到萌芽前的12月～第2年3月。不过，这是指像日本海沿岸这样冬季土壤潮湿的地区。如果要提早栽植，要用稻草等覆盖苗木，防止寒风侵袭。像日本面向太平洋的冬季少雨地区，2月下旬左右栽植是最保险的。如果过早栽植，即使不萌芽也需要浇水。

栽植穴的制作越早越好。如果需要排水设施，要先设置，然后再制作栽植穴。

如果是需改良的园地，则在改良结束后开始挖栽植穴。如果是熟旱地或水田转换地，夏季结束后就可以栽植。如果栽植穴挖得早，堆肥和化肥就会与土壤充分混合，有利于葡萄树的生长。

◎ 栽植穴的大小

为了尽早成园，通常栽植的数量要比最终保留的永久树的数量多。永久树的栽植穴要大一些，为（1.5~2）米×（1.5~2）米的方形，深40~50厘米为宜。相反，计划间伐树的栽植穴为1米×1米的方形，深40厘米就足够了。

葡萄是多年生作物，如果早期成园技术运用得当，第2年获得几百千克的产量是有可能的。早期成园主要有两种方法，一种方法是密植，每1000 $米^2$ 种60株以上，多的可种100株。另一种方法是只栽植15~20株永久树。现在，因为前一种方法需要花费更多的苗木费用，所以栽植永久树数量的2倍左右（30~40株）比较好。这时的栽植穴，永久树的要大一些，间伐树的要小一些。

如果只栽植永久树，要在栽植的当年让它茁壮成长，第2年覆盖整个棚面。为此，栽植穴要大（2米×2米），并且土壤要足够肥沃。

如果想栽种在庭院等空间小的地方，栽植穴为直径30~50厘米的圆形，深20~30厘米就足够了。如果栽植穴太大，会只长枝条，很难结果。顺便说一下，如果在屋前栽植，最好种在60升左右的花盆里。

◎ 栽植穴里要放足肥料

葡萄是多年生作物，不会马上挂果，但在经营上却希望能尽快有收益。如果葡萄栽植得好，从第2年开始就会挂果，销售额可以超过生产成本。诀窍是在第1年让葡萄充分伸展枝条。为此，要努力制作好的栽植穴。那么什么样的栽植穴比较好呢？

栽植穴的作用是源源不断地提供葡萄树生长所需的氮、磷、钾等肥料养分和水分。为此，为了保持肥料养分和水分，需要大量的腐熟堆肥，并与土壤充分混合。

表3-1是在水田转换田和熟旱地栽植时对栽植穴的施肥量。如果是开垦的生地，就需要2倍左右的施肥量。

在挖栽植穴之前，要在挖穴的范围内撒满堆肥和化肥（图3-8），然后用铲子混合着挖出栽植穴，再混合着回填。这样一来，土壤和堆肥、化肥就能很好地混合在一起。

如果是用挖掘机，操作起来比较快，但为了让土壤和堆肥、化肥充分混匀，需要多次混合（图3-9）。如果自己没有挖掘机，租赁也很便宜。这样做能培肥土壤，栽植后3年左右都不需要深耕。不过，因为永久树栽植穴范围的土量不足，需花3年左右将深耕范围扩大至 4 米 ×4 米（也就是扩大栽植穴的范围）。若几年后树势减弱，可以再进行点状深耕，但如果树势仍然减弱，可以进一步扩大深耕范围。

表 3-1　水田转换田与熟旱地中栽植穴的施肥量

项目	规格或数量	备注
栽植穴的大小	1 米 ×1 米，深 50 厘米	在栽植穴的位置做标记
完全腐熟牛粪树皮堆肥	30 千克（方锹约 15 锹）	撒在栽植穴的范围内
苦土石灰（镁石灰）	2 千克（约 1.2 升）	撒在堆肥上
菜籽饼	1 千克（约 2 升）	撒在堆肥上
高浓度化学肥料	300 克（约 300 毫升）	撒在堆肥上
其他	栽植穴的体积为 0.5 米^3。施肥量因挖出的土量而定，栽植穴的体积为 1 米^3 时，施肥量为表中施肥量的 2 倍	

图 3-8　在栽植穴的范围内撒满堆肥和化肥
首先，在栽植穴的范围内铺满堆肥，再在其上撒施必要的化肥，挖出栽植穴，与土壤充分混匀，也可用挖掘机等机械在穴里混合回填

图 3-9　利用挖掘机将肥料与土壤充分混匀造穴

◎ 葡萄耐旱

葡萄的耐旱性仅次于橄榄。但植物没有水就无法生存，植物生产 1 克干物质所需的最少水量被称为需水量。试验证明，从 3 月 8 日到 10 月 12 日，无加温大棚栽培的玫瑰露的需水量为 218 毫升 / 克。这时葡萄的干物质产量（净生产量）与叶面积指数的关系为：$Y=254+257X-7.87X^2$。其中，Y 为净生产量，X 为叶面积指数，计算得出叶面积指数为 4 的玫瑰露所需灌水量约为 266 吨，降水量约为 270 毫米。

如果玫瑰露可以利用全部灌水量,那么每 1000 米^2 就需要 266 吨水。据说西班牙拉曼查地区的葡萄树生长在 250 毫米降水量的环境中(图 3-10),但是它的叶面积指数很低,只有 1 左右。

日本的平均降水量为 1700 毫米左右,高出西班牙很多,所以露地栽培通常不需要灌水。但是,大棚和避雨栽培无法接收降水,当然需要灌水,但是考虑到近年来全球变暖已经常态化,露地栽培也需要灌水。

图 3-10　西班牙拉曼查地区树龄达 100 年的葡萄树

4 苗木的选择

◎ 提前订购,不要吝惜苗木费用

葡萄有枝膨病、蔓割病、根癌病等难以预防的病害,它们很有可能通过苗木扩散。因此,选择没有这些病害的苗木是极为重要的,要从信誉好的苗木商那里购买,而且最好在栽植前一年订购。如果在栽植前才订购,又没有自己生产的苗木,就有可能被迫购买从其他地方调运来的苗木。有些人会吝惜买苗木的费用,但葡萄是多年生作物,如果买错了品种,损失是巨大的,所以要特别注意。

对于马上要间伐的苗木,可以购买自根苗或者自己种。有的品种栽种需要许可,要确认是否需要。

◎ 新品种和脱毒苗必须有鉴定书

在日本,为了保护新品种培育者的权利,擅自培育种苗法登记的品种是违法的,栽种新品种时,必须从得到培育者许可的苗木从业者那里购买苗木。

现在,一些葡萄品种如果只在自己的果园里使用,允许自行繁殖。但是,不能转让或销售已登记品种的穗木(接穗、插穗)和苗木。种苗法可能有修改,所以在繁殖登记新品种时,最好咨询研究和普及机构。另外,超过登记期限的品种可以自由繁殖。

现在的葡萄苗木几乎都是脱毒的，还是购买脱毒苗比较好。因为如果被病毒侵袭，会出现着色变差，糖度不高等症状，就像甲州的无味果一样。

病毒通过树液传播，只要进入穗木或砧木，总有一天会蔓延到整株。脱毒苗的穗木和砧木都是脱毒的，要购买有鉴定书的信誉好的苗木。

即使购买脱毒苗，也有可能被蚜虫等吸食树液的害虫感染，对此要注意。有的苗木含有弱毒病毒，不容易感染引起障碍的强病毒，有时这种苗木比脱毒苗好，最好咨询一起栽培葡萄的朋友或研究推广机构等。

5 栽植数量和栽植方法

◎ 不要为了早期高产而过度密植

为了尽早成园，有每1000米^{2}栽植近100株的方法。这样做确实可以提高早期产量，但是苗木费用很高，而且2~3年内叶面积指数会超过最佳值4，达到5以上。造成下部叶片脱落，新梢伸展后不得不在夏季修剪时剪掉，这就是在生产柴火枝。

即使不这么做，无论是在几乎没有肥料的荒地，还是在水田和熟旱地的转换园，只要能制作出好的栽植穴，栽植当年的葡萄树一般都能茁壮成长。为此，在栽植当年，必须每半个月施1把硫酸铵等速效性肥料，一直施到夏季。但是，施肥时土壤湿润是必要条件。土壤干燥时，灌水或等下雨时再施。

这样一来，不论是什么品种，1000米^{2}栽植40株左右，在第2年采收1吨的产量并不难。

◎ 确定适当的栽植数量

为了确定每1000米^{2}要栽植的苗木数量，有必要先推定最终可能留下的数量。留下的数量取决于树冠的大小。我见过一株巨峰的树冠在火山灰土地里蔓延达到800米^2，但葡萄树冠的大小因土壤的肥力、深度、土壤管理程度和栽培类型等有很大差异。

如果是在地下水高的水田起垄栽培，可能会留下30株以上的永久树；如果是肥沃地，可能只留下几株。无论如何，栽植时很难准确预测最终树冠的大小。

因此，如果有条件相似的成年树葡萄园，可以去参观一下，大致估算一下要留下多少株。如果没有这样的葡萄园，以各地的指导方针等文件中的数字为标准，实际栽植其2~3倍的数量就可以了。

如果是普通土壤，玫瑰露和巨峰栽植20~40株，新玫瑰、阳光玫瑰、甲斐路等栽植15~30株。在贫瘠地多栽植，在肥沃地少栽植。

密植时最需要注意的一点就是要果断地提前间伐。如果做不到这一点，就变成生产柴火枝了。另外，如果栽在肥力充分的栽植穴中，葡萄树在第1年就几乎可以形成7米×7米的双H形短梢修剪的树冠。

◎ 绝对不能深栽

葡萄树上有一种叫根瘤蚜的蚜虫，常附着在自根树的根部，使树势衰弱。因此，保留的永久树要使用具有根瘤蚜抗性砧木的嫁接苗。

如果嫁接部位（嫁接口）在地面以下，接穗就会生根，不能发挥砧木的作用。因此，栽植时要留意让嫁接部位高于地面（图3-11）。

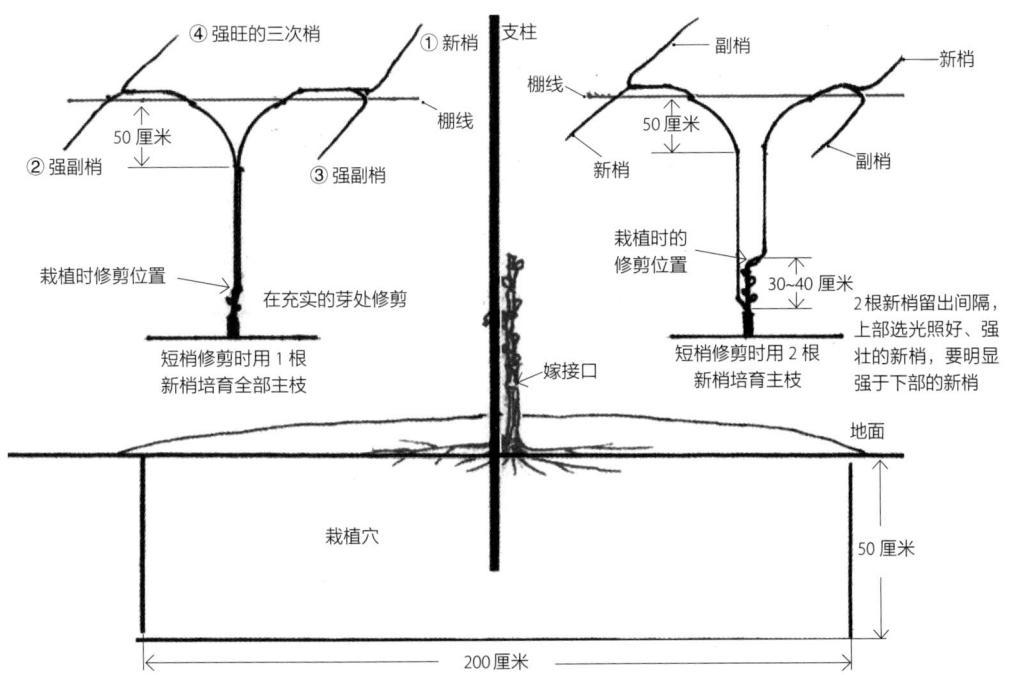

图3-11 栽植与栽植后的定干及短梢修剪后的1年生枝的生长状况

◎ 避免栽植损伤和栽植过深

栽植损伤的主要原因是苗木干燥。苗木送来后，先在水里浸泡，然后假植在排水良好的土壤里。从栽植前夜开始，浸泡一晚上后再栽植比较好。

栽植时，先在栽植位置立 1 根够到棚架的支柱。如果从苗木的砧木下面长出了很多根，就把砧木上部长出来的根剪掉。如果下面的根少则可以留下上部的根，但是注意不要留下接穗长出来的根。如果粗根的前端显得毛糙，可以短截一部分。

把苗木靠在支柱上，用 8 字结将苗木固定。让根向四面八方伸展，在上面盖上厚 5 厘米左右的土，让根和土贴紧，轻轻踩踏，然后灌足水。

挖好栽植穴后，随着时间的推移，膨胀的土壤会变得稳定，接近水平，这时让根系在地里伸展就可以了。但是，若在挖好栽植穴后立即栽植，就要在隆起的土壤上扩展根部，然后覆盖土壤进行栽植。如果把隆起的土壤除去，在水平部分栽植，过 2~3 年土壤就会下沉，所以要注意。

在大棚和排水良好的沙土等处，即使深植，只要除去根颈附近的土壤，让嫁接部露出来就可以了，所以对深植不必太敏感。

另外，有喷水装置的果园，为了不让水喷到苗木长出的新梢，要用薄膜围住苗木进行保护（图 3-12）。

图 3-12 防止喷水装置淋湿的围栏

6 如何从第 2 年开始获得高产量

◎ 栽植当年让新梢充分伸展

有人认为，幼树期新梢不要长得太长，应该把葡萄树培育得结实些。据说新梢生长旺盛，结果性就会变差，树的寿命也会变短。但如果这样做，初期的产量会很低，投资回报的时间就变长了。像现在这样新品种层出不穷的时期，树的寿命是否还需要特别长,这也让人产生疑问。

那么,如果栽植后新梢生长旺盛,结果就不好吗?新梢停长迟或有二次生长会造成结果不好,但如果从初期开始就旺盛生长,到秋季也会十分充实,是没有问题的。不仅如此,要想提高早期产量,就必须在栽植当年保持良好的生长状态。如果新梢生长不良,就不能迅速覆盖棚面。

葡萄是果树中生长最快的,所以要在栽植当年充分长出新梢,至少 2 年就能覆盖全园。

◎ 每半个月施 1 把硫酸铵

为了让新梢充分生长,苗木开始生长后,露地栽培每半个月或 20 天就要给每株树施 1 把硫酸铵。但是,如果不下雨肥料就不起作用,所以要趁下雨施用。如果是大棚栽培,因为有灌水装置,每 7~10 天在栽植穴上撒半把硫酸铵。这样一来,无论是 H 形还是双 H 形整形,至少都能在第 2 年完成树冠培育(图 3-13)。

长梢修剪也是一样,第 1 年保留 4 根主枝延伸扩大树冠,有利于早期成园。

图 3-13 双 H 形整形的阳光玫瑰第 1 年生长的新梢到达十字点,第 2 年完成树冠培育

◎ 勤快地引缚是枝梢延伸的诀窍

在新建园里,经常可以看到新梢从支柱上脱落下来,垂至地面,也经常能看到棚架上的新梢的先端垂在棚架下面。

葡萄是蔓性的，不进行缠绕就会垂下来。植物具有越垂直于地面长得越好的特性，葡萄也是一样。因此，在枝梢上架之前，将新梢好好地引缚至支柱上，再将上架的新梢引缚到棚线上就会很好地伸长。

从新梢长超过20厘米时至夏末，1天能长2~3厘米，所以至少要每周去观察1次，对从架上垂下来的新梢进行及时引缚。在短梢修剪的棚架栽培中，在棚下15厘米左右悬挂直径为19毫米的管子来引缚主枝，这样就能减少新梢因绑缚而折断。为了将新梢的腋芽水平地固定在管子上，必须用绑扎带勤快地引缚（图3-14）。

图3-14 将短梢修剪中作为主枝培育的结果枝上的腋芽向水平方向勤快地引缚

◎ 即使土壤中含镁也会缺镁，但放着不管也会变好

第1年让枝条充分伸展，在第1~3年容易发生镁缺乏症（图3-15）。即使栽植穴里有足够的镁也会发生这种现象。镁和磷一样，很难被吸收，即使土壤中有充足的镁，如果新梢生长过于旺盛，也会因吸收跟不上而出现缺乏症。

但是，即使出现相当严重的镁缺乏现象，因为还没有结果，放任不管不久也会变好，所以没必要过于敏感。

图3-15 巨峰叶片的缺镁症状

第 3 章　建园、定植与初结果树管理

7 新建园要注意的病虫害

◎ 黑姬象鼻虫和葡萄卷叶金象

在新建园中有葡萄透翅蛾和葡萄虎天牛等葡萄主要害虫的危害（容易引起重视），但一般不怎么成为问题的害虫，有时也会给新建园造成很大的危害，所以需要注意。

最容易造成危害的是黑姬象鼻虫（图 3-16）和葡萄卷叶金象（图 3-17）。黑姬象鼻虫体长 5~8 毫米；葡萄卷叶金象很小，体长只有 4 毫米左右。

图 3-16　黑姬象鼻虫

图 3-17　葡萄卷叶金象

它们会用头部长长的喙状突起插入新梢的茎和叶柄来取食，严重时会从受害部位断裂。即使不断裂，受害部位也会凹陷变红。因为害虫很小，个体也很少，所以很难找到，但根据危害程度判断却很容易。这些害虫发生在 5 月上旬 ~6 月上旬，发现后应立即防治。

◎ 天蛾类和金龟子类

还要注意天蛾类，其幼虫有尾角（图 3-18），会在 6 月和 9 月发生，尤其要注意 6 月。因为那时葡萄树还很小，不仅是叶片，就连作为主枝的茎也会被吃掉。这样一来，就和摘心的作用一样，新梢的生长暂时停滞，树冠不能如愿扩大，第 1 主枝也不能顺利生长。

图 3-18 葡萄缺角天蛾的幼虫

此外,金龟子类害虫也很危险,特别是铜绿丽金龟对葡萄的危害很大。这种害虫也是吃新梢的先端,即摘心,所以应进行彻底捕杀或防治。

第4章
休眠期管理

休眠期要进行土壤改良、施肥、修剪等重要工作。因为这个时期比较长，作业的集中度比较低，所以希望能够细心地、正确地做好各项田间管理工作。

1 盲目深耕只会白费力气

◎ 40~50 厘米的深度足够了

新开垦地一般都比较贫瘠，必须在做好排水的同时进行土壤改良。应该怎么做呢？以前的深耕方法是从栽植穴开始依次扩展，全园挖近 1 米深，放入大量的粗大有机物。

日本山梨县的扇形地貌区的葡萄园是沙土，深处很柔软，排水也很好。而这些地方的葡萄树根下扎至深 1 米处，甚至更深。如果是黏质的普通土壤，即使进行很深的深耕，根也不会向深的地方延伸，一般在地下 20~30 厘米的范围内多一些，所以挖 40~50 厘米深就足够了。如果是排水不好的土壤，还要挖暗渠排水沟。

◎ 应该深耕全园吗

栽植后，每年都要向栽植穴的外侧挖掘，难道必须对全园进行深耕吗？

在新开垦地这种肥料养分少的地方，有必要在观察树势的同时，从树干向外深耕扩穴，但在树势稳定后也要停止。

如果灌水设备完备，挖全园面积的 1/4 就足够了。挖掘方法是以永久树的栽植穴为中心，每年向外侧挖掘，在深耕面积占到全园的 1/4 时停止。之后，回到原来的位置进行再深耕。

栽植穴可以是圆形的，也可以是方形的，每个葡萄园都可以根据具体情况花 3~4 年完成深耕（图 4-1）。对每株树进行螺旋状滴灌时，以树为中心进行深耕扩穴。像 H

形短梢修剪那样，有多根滴灌管的情况下，栽植穴做成方形的，通过深耕逐渐与旁边的沟连上。

使用喷水器或洒水软管时，深耕深度以 50 厘米左右为宜，如果使用滴灌，深度为 30 厘米左右即可。

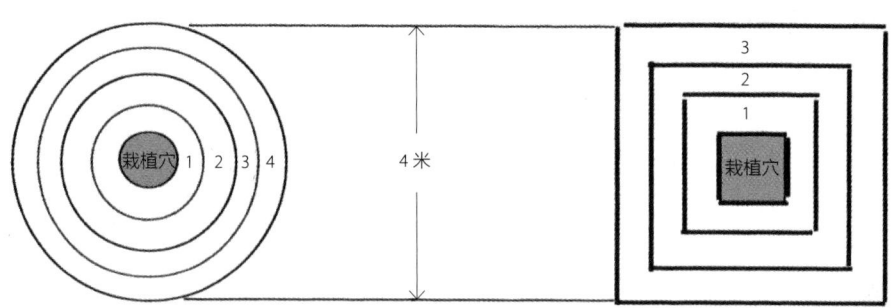

图 4-1　栽植穴与深耕的顺序
中心为栽植穴，序号为深耕年份

◎ 肥沃地的深耕应在树势稳定之后

从水田、蔬菜地转换过来的葡萄园，也要深耕。水田土壤中仅氮就含有 100~200 千克，它会慢慢无机化而产生肥效。因此，由水田或旱地转换而来的葡萄园，即使几年不施氮肥，也能生长得很好。

水田虽然肥沃，但会急速酸化，需要每年调查酸度，施用碳酸钙和苦土石灰等。

如果是熟旱地或火山灰土等肥沃的土壤，不需要在栽植后立即进行深耕，可以在树势稳定几年后再开始。到那时，除非耕作层厚且排水良好，否则不需要将表土与里土翻转。因为，即使把肥沃的耕作层土壤翻入深处，根也不会长到那么深。

◎ 采收后 1 个月开始深耕

一般认为落叶后是深耕的最佳时期。但是，从露地栽培每隔 2 个月断根（试验）对葡萄树生长的影响来看，4 月和 6 月断根会造成生长迟滞现象，而 8 月～第 2 年 2 月断根没有出现不良影响。因此，葡萄的深耕可以在采收后 1 个月进行。

葡萄的根在采收季节会暂时停止生长。采收后长出秋根，直到落叶后地温低于 13℃前仍可持续生长。秋根为了第 2 年生长吸收肥料养分，并作为贮藏养分贮藏起来。若采收后深耕，根部伤口处会产生很多新根，有利于第 2 年的早期生长。

2 最大限度地利用少量有机物

◎ 有机物施用量由土壤量决定

用等量的土壤培育葡萄，肥沃的土壤里种的葡萄生长得快。那是因为肥沃的土壤的养分和水分供给能力高，土壤肥沃化的意义就是提高土壤的养分和水分供给能力。而且，有机物的施用量不是由施用面积决定的，而是由土壤的量决定的，这一点很重要。

土壤肥沃的本质是什么呢？可以认为主要是土壤中腐殖质的量。腐殖质是有机物分解后的产物，所以深耕时放入的有机物相对于土壤量越多，土壤就越肥沃。

◎ 大棚栽培时要表面施用和深耕施用相结合

在大棚栽培中，在地表施用熟透的堆肥也很好。因为大棚里有灌水设备，所以即使根系不深，也可以充分管理。实际上，由于细根多生长在接近地表的地方，所以肥效很高。但是，也要看施用量，全部施在表面也是有问题的。因为根多生长在有有机物的地方，所以堆肥要尽可能施入土里。每1000米^{2}准备2~4吨有机物，将一半在点状深耕时施入，剩下的撒在表面就可以了。

◎ 完全腐熟的牛粪树皮堆肥使用方便

近年来，在畜禽粪尿中掺入树皮和木屑制成的完全腐熟堆肥很容易获得。而且，完全腐熟的堆肥中还含有氮，对土壤的肥沃化非常有效。对果树施用腐熟的牛粪树皮堆肥比较好。

需要注意的是，市面上卖的牛粪树皮堆肥会因生产者不同而成分不一样，所以使用前最好确认成分表和实物后再决定。

牛粪树皮堆肥的pH大多超过7。氮含量虽然都在1%以下，但有相当大的波动，所以施用后要一边观察生长状况一边调整氮肥施用量。牛粪树皮堆肥中磷和钾的含量比氮多，特别是钾含量高达1%以上，所以大量施用牛粪树皮堆肥之后要控制钾肥施用量。

深耕施用堆肥的情况下，贫瘠的土地每平方米需要施用60千克左右（图4-2）。堆肥的种类千差万别，腐熟程度越高，含氮越多，见效越快。肥效可能持续数月或数年，要在仔细观察树体生长状态后施用。

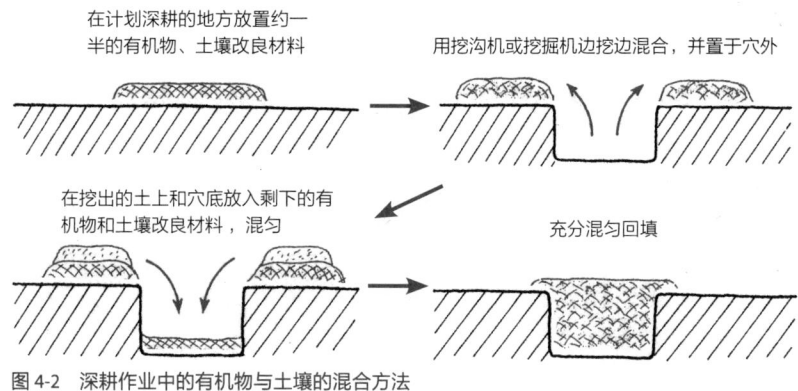

图 4-2 深耕作业中的有机物与土壤的混合方法

◎ 地温越高，有机物消耗越快

有机物必须被土中的微生物分解成无机物才能见效。地温越高，微生物的活动越活跃，有机物分解得越快。大棚栽培比露地栽培地温高，无加温栽培、加温栽培、促早栽培比避雨栽培地温高。地温高的状态持续时间越长，有机物消耗越快。因此，在大棚栽培中，有机物的施用量要比露地栽培多。

3 全园深耕结束后的作业

◎ 再深耕从第 6 年开始

深耕后第 6 年前后，施用的有机物分解，老根变多，对养分和水分的吸收能力下降。所以，深耕 5~6 年后再深耕比较好。这时以树干为中心，对树冠下一半左右的范围进行点状改良（图 4-3）。

作为土壤再改良的方法，深耕 40~50 厘米见方，施用 2~3 锹堆肥和苦土石灰、钙镁磷肥、高浓度复合肥各 1 把。如果有菜籽饼，可施入 2~3 把。然后用铁锹将有机物、化肥与土壤混合至 40~50 厘米深的地方，然后一边混合一边回填。此时，在根系多的树干部分，要多挖施肥穴。

也可用螺旋钻（打孔机）、挖土机、链式开沟机、大型旋耕机等进行深耕。这时，最重要的是在深耕的地方铺好堆肥和化肥，像人工挖掘一样，边混合边挖掘，边混合边填埋，充分混匀。

◎ 不必担心切断根系

机械深耕的效率非常高，但是粗根在不经意间就被切断了。有人认为不能切断根，于是在树与树之间没有根系的部位挖了一条沟进行深耕（图4-4）。但是，既然没有根，就是因为没有必要生根，这样的地方不管怎么肥沃，葡萄树都吸收不到肥料。必须在有根的地方进行再深耕。

在有根的地方进行深耕当然会切断根。大量的粗根被切断是不好的，但切断1/3左右的根并没有什么不好的影响，就像地上部分每年也都要通过修剪剪掉很多那样。

老根为了自身增粗消耗很多养分，减少老根就会减少养分的消耗并增加新根，从而提高葡萄树的长势。但是病菌有可能从根的切口侵入，所以要用锯子或剪枝剪修整、剪平直径超过几毫米的根。这样一来，也更容易长出新根。

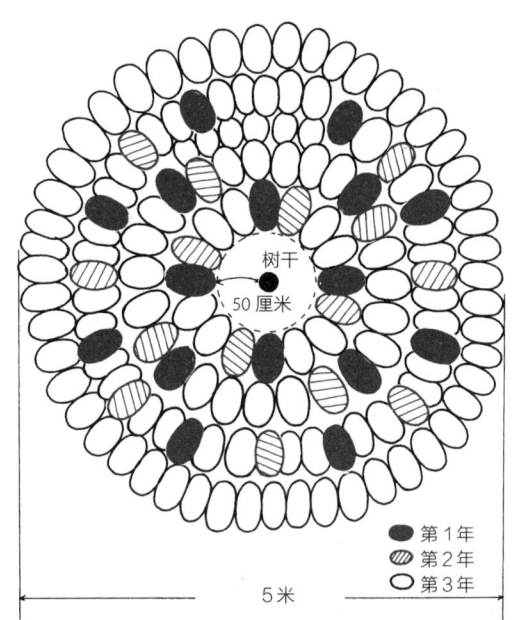

图 4-3　再深耕的顺序
从距树干 50 厘米开始，挖直径为 40~50 厘米、深 40~50 厘米的穴

图 4-4　在没有根的地方深耕是一种浪费
沟的断面没有根系，像这样在没有根的地方进行深耕是徒劳无益的

◎ 大棚限根区域土壤改良

大棚里配有灌水设备。根据使用的灌水设备不同，深耕方法也不同。也可以进行营养液土壤栽培，但采用哪种方法要看园主的想法。

可以沿着种植行进行宽1.5~2米、深30~40厘米的深耕，并配置3~4根滴灌管（图4-5）。或者只深耕树冠面积的1/4~1/3，螺旋状配置滴灌软管等（图4-6）。

图 4-5　利用滴灌管灌水

图 4-6　树冠大的树滴灌软管呈螺旋状配置

如果采用灌水中混入肥料的营养液土壤栽培方式，只要树势不衰退，深耕作业可以延后进行。

4 即使深耕也不能缺少基肥

◎ 深耕的效果要在第 2 年才显现

有人认为只要深耕就不需要施基肥，因为深耕时要施有机物和肥料，所以错误地认为这就是基肥。那么，深耕时施的有机物和肥料是否有效呢？

当然有效，但一定要等到很晚才见效。因为在进行深耕时，根系被无保留式地切断，如果新根不向已深耕的那个区域延伸，就无法吸收养分（图 4-7）。当然，如果施

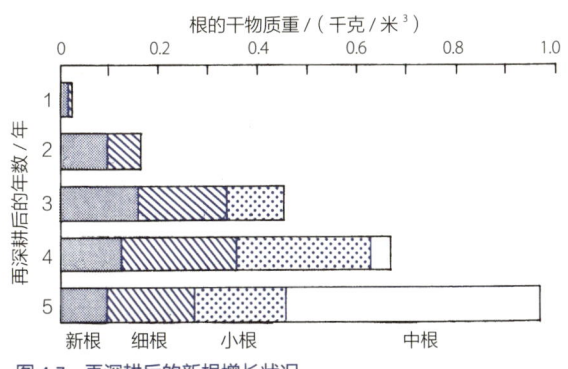
图 4-7　再深耕后的新根增长状况

用的有机物是完全腐熟的堆肥，在根生长的阶段养分就会被吸收，但是深耕部分的根的数量与未深耕部分相比是微不足道的。

更何况，如果施入落叶等未腐熟的有机物，必须先分解无机化后才发挥作用。因此，未腐熟的有机物会推迟起效，直到第 2 年或第 3 年才见效，怎么也代替不了基肥。

另外，肥料中的养分溶于水，可在土壤中移动，向下移动很容易，但横向移动极少。因此，深耕部分施入的养分无法向未深耕的部分移动而显现效果。

土壤中不仅有蚯蚓、千足虫等小动物，还有原生动物、霉菌、细菌等众多生物。它们分解有机物使之无机化，还负责土壤粒子和葡萄根之间的养分传递。正因如此，人们才会说土壤是有生命的。施用有机物和肥料，也是为了让这些生物活跃起来而向其提供食物。

像这样深耕施用有机物的作业，可以说是在土壤中长期或短期贮藏养分的作业，是为了葡萄树在需要时有肥料养分可以吸收。因此，深耕和施基肥有着完全不同的目的，即使深耕，也必须施基肥。

◎ 基肥大多施在主干附近

有人认为只要施肥，葡萄树马上就会吸收，当然，一部分养分几乎可以直接被吸收。特别是在像沙丘地这种颗粒粗的土壤。基肥原则上施在深耕的范围，或者施在根伸长的范围，而且多施于根部密度较高的树干附近（图 4-8、图 4-9）。

施用后，如果是沙土、生草或覆草栽培的葡萄园，则保持原状；如果是采用清耕法的黏质土葡萄园，则轻中耕为宜。

肥料中的养分要溶于水才能被吸收。因此，露地栽培时如果不下雨肥料就不起作用，大棚栽培时则一定不要忘记灌水。

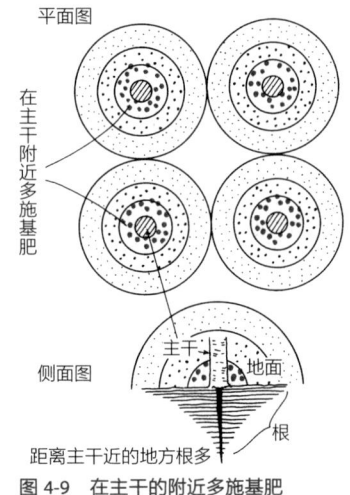

图 4-9　在主干的附近多施基肥

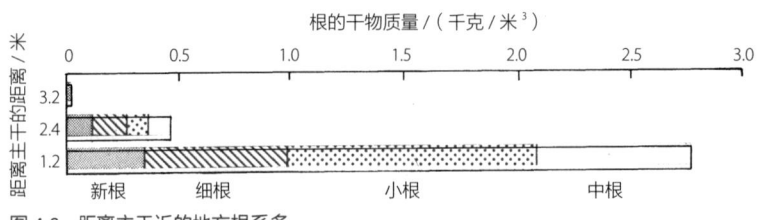

图 4-8　距离主干近的地方根系多

◎ 施用钙要适量

因为葡萄树喜欢钙，所以大量施用石灰的人多。但是，如果钙施用过多，土地就会变成碱性，锰等元素就无法溶解，也无法被吸收。结果就是发生锰缺乏症。

葡萄树需要的肥料元素至少有16种，缺少任何一种都会出现生理障碍。特别是微量元素容易受到土壤pH的影响，pH为6~6.5比较安全，请农业普及中心每2年或3年测量1次土壤pH，如果pH低就施钙肥（石灰）；pH高时，控制石灰施用，直到pH下降为止。无论如何都需要降低pH时使用硫黄粉，但是施用量要咨询农业普及中心等机构。

石灰有利于葡萄果实着色，有人在着色期施用石灰，使地面变得雪白。虽然期待光的反射效果，但如果叶面积指数不降到2以下则效果不好，何况最佳叶面积指数为4，在这种情况下，施石灰完全没有促进着色的效果，所以要在冬季施用。

◎ 不忘施用微量元素

如果有机物施用充足，就不需要施用微量元素；如果没有施用有机物，就不要忘记微量元素的施用。特别是在沙土和新开垦园，更要注意硼元素的施用。

日本的中国地区以炼钢炼铁、制作名刀出名，但这片沙土地带几乎没有葡萄树种植，原因就是缺乏必需元素铜。因此，在这样的地区栽植葡萄一定要施用硫酸铜，之后也要适当追施，以避免铜元素缺乏。

5 追肥何时见效

◎ 从施用到见效需要2周

在采用花岗岩质沙壤土盆栽的玫瑰露展开4~5片叶时期，施用高浓度化肥并灌水，第3天新根或老枝内的氮浓度就会升高。

但是，新梢吸收需要7~10天。另外，在沙土上露地栽培12年生玫瑰露的试验中，施肥后15天叶片才变绿。

像这样,即使施了肥料,葡萄树也不会马上吸收、消化。在耕作层较浅的沙土条件下,施肥后需要 2 周左右才能使叶片变绿,如果是黏质土或黑土,效果显现会更慢。另外,对于越早进行促成栽培的地方,肥料见效所花时间也越长。

因此,肥料至少要提前 2 周施用,才能达到预期的效果。

◎ 开花期前依赖贮藏养分生长

在开花期前,葡萄树主要依靠前一年贮藏在树体内的养分生长。葡萄树的根压很高,在萌芽前会产生树液,但似乎不吸收肥料。随着新梢生长和叶面积增加,水分蒸腾量也随之增加,根部吸收养分和水分的量也增加,到了开花期,新叶和根会产生并生长。所以,可以说在开花期前几乎不可能判断肥料是否不足。

如果这个时期叶色明显变差,与其说是土壤中的肥料不足,不如说是树体内贮藏的养分不足。这时即使追肥也不能马上被吸收,需要采用叶面喷施等方法。

◎ 叶面喷施的效果立竿见影

若葡萄树早期生长不好,花穗发育不良,结果差,新梢停长晚等,会给之后的生长发育带来不好的影响。特别是超早期加温栽培的初期旺盛生长十分重要,这时叶面喷施肥料的效果好。

无加温栽培的玫瑰露,如果在开花后用 3%~5% 尿素喷洒叶面,2 天后叶片的颜色就会变深,分析发现叶片中的氮浓度明显升高,即叶面喷施马上就会出现效果。但是,如果是普通栽培,养分很少会缺乏到需要叶面喷施的程度。

◎ 镁缺乏要尽早进行叶面喷施

大棚栽培容易发生镁缺乏症。特别是初结果树生长旺盛,旺盛生长的新梢基部原叶经常缺镁。这是因为镁的吸收量赶不上葡萄树的生长量。

超早期加温栽培的类型往往在生长后半期光合作用能力急剧下降,因此产量无法提高。其重要原因被认为是缺乏镁。

这时,根据症状程度不同喷施不同次数,一般每隔 1 周喷洒 5 次 0.2% 硫酸镁溶液。叶片老化后很难见效,所以尽早发现症状并进行叶面喷施是关键。

6 施肥设计要符合自己的风格

◎ 吸收量和施肥量不同

如果分析葡萄树 1 年吸收的肥料养分，会发现与每 1000 米^2 的叶片量（叶面积指数）成正比。叶片量多意味着生长旺盛。

因此，可以说叶面积指数与树龄无关，其值越高的园吸收的肥料养分越多。那么，实际的吸收量是多少呢？

葡萄理想树相的平均新梢长为 1~2 米，叶面积指数为 3~4。每 1000 米^2 玫瑰露的吸收量为氮 9.9~11.2 千克、磷 2.2~2.6 千克、钾 7.8~9.2 千克、钙 6.2~8.2 千克、镁 1.1~1.4 千克。因此，每年需要这样的施肥量（图 4-10）。

但是，吸收量不等于施肥量。无论是化肥还是有机肥，施入之后，有些会被雨水从地表带到园外，或者渗透到根系无法到达的地下，无法被吸收。

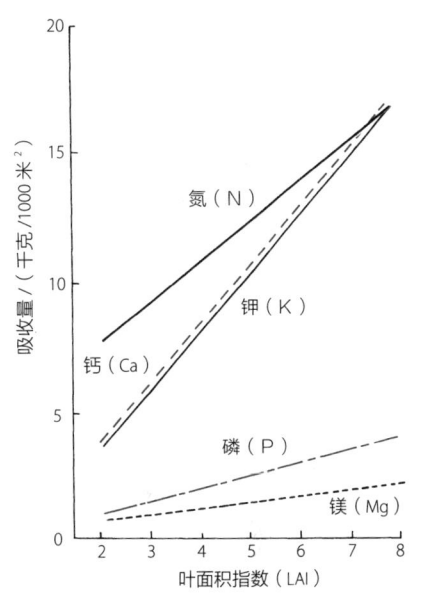

图 4-10 叶面积指数与 5 种元素的吸收量（玫瑰露）

另一方面，深耕时施入的有机物、覆草或割草等也会分解出无机化的养分。

只要知道这些，就可以计算出施肥量。但遗憾的是，被利用的施肥量的比例是多少，有机物的无机化程度如何，以现在的科学还是不清楚。那么，该如何确定施肥量呢？

◎ 根据树势和土壤改良程度增减施肥量

树势强则肥料效果好，树势弱则是因为修剪轻或施肥量少。

再者，以新梢的长势判断树势就可以了，具体请参照本书第 1 章的内容。

首先，我们有必要回顾一下前几年的土壤改良状况。即使用相当量的腐熟堆肥进行土壤改良，吸收也是慢慢进行的，2~3 年后新梢的生长变得旺盛，才能判断其效果。施肥量相同的条件下，如果树势比前一年强，说明施用的有机物开始见效，应适当减少施肥量。

一旦土壤改良见效，通常效果会持续数年。因此，前几年的土壤改良状况和与树势的关系，也是确定施肥量的要点之一。

◎ 施肥时期要与生长发育相适应

冬季施肥不起作用，这是因为葡萄树在这个时期不需要肥料。从萌芽前开始施肥，之后，随着新梢生长、果实膨大，以及老枝老根生长，肥料养分吸收得越来越多。地上部分生长停止后，为了第2年的生长，根系会吸收养分贮藏在老枝和老根中，直至全年生长结束。

即使只看氮肥，见效的速度也有差异，肥料的种类也千差万别。最稳妥的是合理施用长效肥料和化肥。这些肥料不是一次性见效的，而是慢慢显现效果的，所以稍早地多施一点效果好。例如，菜籽粕等长期有效，效果很好。

通常，为了使基肥充分渗透到土壤中，应在萌芽前1~2个月施用。果实膨大肥在果粒膨大Ⅰ~Ⅲ期，根据叶色和果粒膨大情况施用，礼肥在采收结束时施用。

但是，那只是一个参考，如果肥料效果好就没有必要这样做。如果土壤改良过度，树势过强，也有可能1年不用施肥。

总之，要培养从新梢生长情况、叶片茂盛程度、叶片颜色、果实膨大、产量、果粒着色的好坏等来判断肥料是否有效的眼光。

7 落叶和修剪下来的枝条可以用作土壤改良材料

◎ 用作肥料也很珍贵

有的人会把落叶和修剪下来的枝条烧掉。确实有一些病虫害是靠落叶越冬的，烧掉它们会有防治病虫害的效果。但是，这些都是珍贵的有机物来源，其中所含的养分不容小看。

叶面积指数为 3 的葡萄园，每 1000 米² 的落叶和修剪下来的枝条重达 450 千克，相当于 1000 米² 的稻草量，其中含氮 3.5 千克、磷 2.7 千克、钾 4.8 千克、钙 6.9 千克、镁 1.1 千克。

◎ 深埋杀虫

如果烧掉落叶和修剪下来的枝条，有机物和氮就会被浪费。应尽可能地把它们收集起来作为改良土壤的材料。有机物会腐烂变成腐殖质，养分会随着腐烂而发挥作用，就像定期储蓄一样使土壤肥沃。

若埋得太浅，原本在枝叶上的葡萄透翅蛾和葡萄虎天牛等害虫有时会爬到地面上。黏质土埋 10 厘米深、沙土埋 30 厘米深就可以避免这种情况发生。

全面施用这种有机物时，要用粉碎机粉碎，杀死害虫后再施用（图 4-11）。

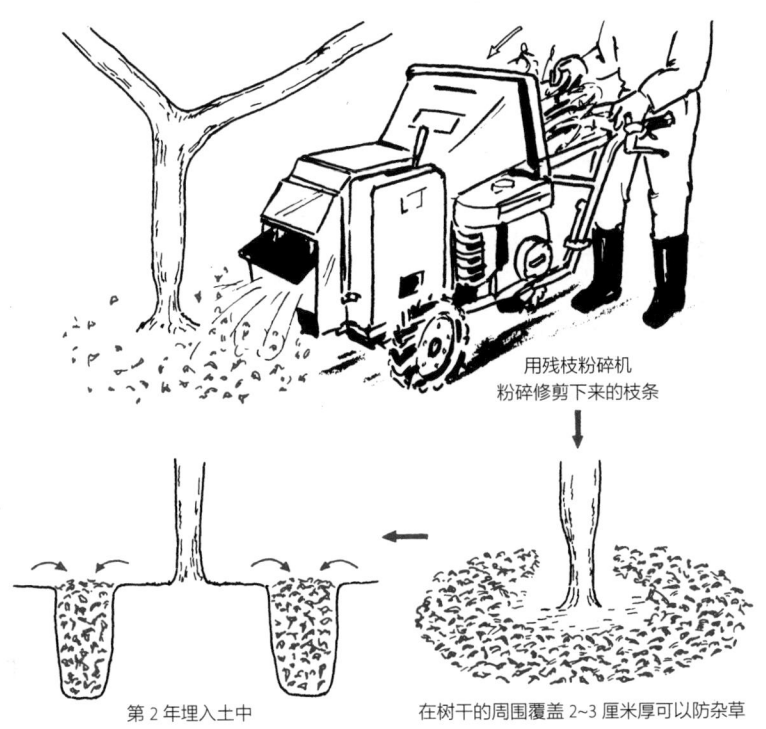

图 4-11 将修剪下来的枝条用粉碎机粉碎后施用

◎ 落叶自然集中的方法

如果葡萄园很大，收集落叶也是很费事的。这时，以适当的间隔在园内挖一条宽30厘米、深20~30厘米的浅沟，然后把挖出来的土堆在沟的下风向一侧，落叶就会被风吹进沟里，可以省去收集落叶的麻烦。将园内低洼处残留的落叶收集起来放入沟中，加入石灰和钙镁磷肥等回填即可（图4-12）。

另外，追加氮肥落叶更容易腐烂。

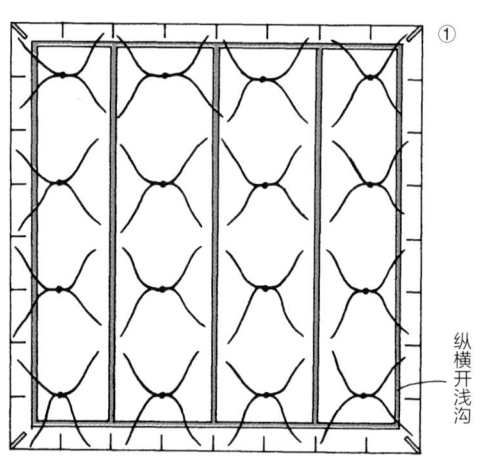
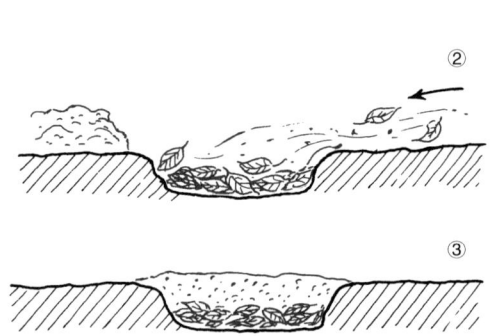

①以适当的间距挖宽30厘米、深20~30厘米的沟
②挖出的土堆在下风向一侧，风从另一侧将落叶吹入沟内
③收集低洼处残留的落叶放入沟中，添加石灰和钙镁磷肥回填

图4-12 不费功夫就能将落叶集中

第 5 章

整形修剪的思路与方法

1 树形与修剪的思路

◎ 棚架栽培葡萄优势明显

葡萄树形千差万别,但大致可分为单株型、篱架型、棚架型 3 种。

(1)单株型适合降水少的地区　单株型是指将主干的长度控制在 30 厘米左右,从主干上部生出几根结果枝的树形。一般在年降水量为 200~300 毫米的地区采用,在智利、阿根廷、墨西哥、西班牙等地都能见到。典型的是在西班牙的拉曼查地区,每隔 2.5 米栽植 1 株(图 5-1)。如果密度再增加,葡萄树就会因争夺冬季渗入土中的水而枯死。

其树冠直径为 1.5 米左右,空地宽阔,不能充分利用强光。虽然产量为 3000 千克左右,但糖度超过 30%,必须用水稀释才能酿造葡萄酒。

(2)篱架型的光利用率为 70% 左右　篱架型是欧洲通行的栽培树形,行距为 1~2 米、株距也差不多(图 5-2)。由于行间有空隙,光利用率最多也只有 70% 左右,产量一般也只有 500 千克左右。

篱架型的优点是虽然也需要支撑设施,但比棚架便宜,整形靠人工修剪,作业简

图 5-1　西班牙拉曼查地区的单株栽培,间距为 2.5 米,年降水量为 250 毫米

图 5-2　法国波尔多拉菲罗斯柴尔德的篱架栽培,高 1 米,行距为 2 米

单，新梢的修剪可以用机器完成，效率高。最近，在日本也有模仿这种做法的酿酒葡萄栽培，但考虑到产量只有棚架栽培的1/4~1/3，不推荐这样做。

(3) **棚架型的光利用率高** 日本的葡萄通常采用棚架栽培，据说这是由培育出贝利A麝香葡萄的新潟县的川上善兵卫先生发明的。由于垄间没有空间，光利用率为100%，产量明显高于单株型和篱架型，果实品质优良，是葡萄栽培方法中的佼佼者。

除日本以外，棚架栽培在意大利（鲜食葡萄）、阿根廷、巴西、中国等地也有采用。

◎ 棚架栽培整形的长梢和短梢

(1) **长梢修剪和短梢修剪的特征** 日本主要的整形方法是X形自然整形（长梢修剪）和H形平行整形（短梢修剪）。从葡萄园经营的角度来看，这两种整形方法的特征如下。

葡萄园要实现盈利，有两个路径。一是提高土地生产率，提高高品质葡萄的产量。二是提高劳动生产率，在一定时间内多生产葡萄。

从干物质生产理论来说，要想提高产量，长梢修剪更有利，因为短时间内新梢能尽快达到最佳叶面积指数。另外，树势的易控性和树形的自由度也很出色。但是，技术比较难掌握，工作效率也比较低。

另一方面，短梢修剪操作比较简单，容易掌握，在劳动生产率方面有优势。但是，为了填补主枝之间的空间而使用较强的新梢，因此干物质向果实分配的比例较低，在产量方面稍逊（图5-3）。

图5-3 H形短梢修剪的阳光玫瑰

(2) **根据条件区分使用** 采用长梢修剪还是短梢修剪，根据品种和有无赤霉素处理、栽培面积的大小、土地倾斜角度、是露地栽培还是大棚栽培等条件的差异，判断也会有所不同。无论采用哪种方法，都是棚架型，与单株型和篱架型栽培相比，优势明显。

近年来，采用赤霉素处理的无籽栽培不断增加，从花穗的修剪到赤霉素处理等，都比有籽栽培要费功夫。这些工作，采用短梢修剪比长梢修剪更快、更省事。因此，通过赤霉素处理的无籽栽培，也许更适合采用短梢修剪。

◎ 希望得到推广的修剪诀窍

（1）把老枝从分叉处剪干净　有的葡萄园习惯保留老枝基部20~30厘米。葡萄没有芽的地方几乎不会有隐芽，所以没有芽的枝条迟早会枯萎，还会从这个地方向老枝干枯进去。因此，留下没有芽的不萌芽老枝是错误的。老枝应在分叉处修剪干净，为防止干燥，还要涂上木工黏合剂等进行保护（图5-4）。

（2）粗枝的锯除方法　如果觉得需修剪的枝条很粗，不容易愈合，就保留1~2个芽修剪。为了不让分叉处变粗，用绳子绑缚。萌芽后反复进行摘心，使老枝保持在不增粗、不枯萎的程度，过2~3年枝条直径出现明显差异时剪掉即可（图5-5）。

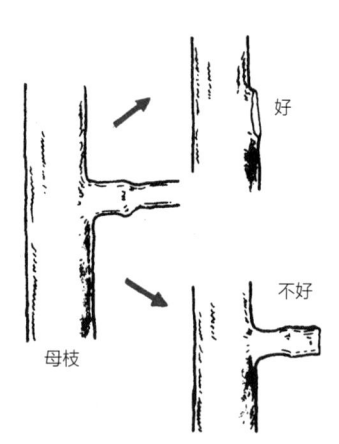

图5-4　老枝的修剪方法

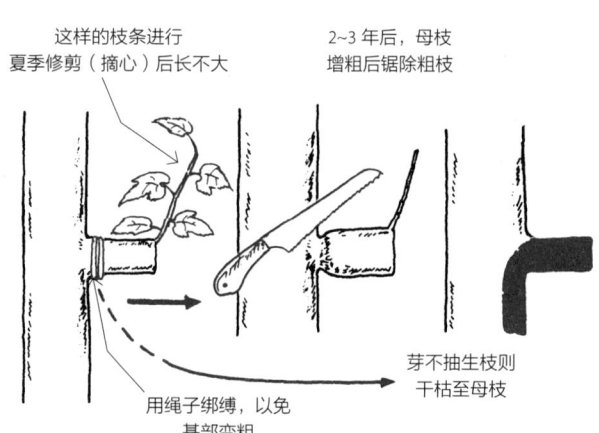

图5-5　粗枝的锯除方法

2　X形自然整形（长梢修剪）

自然整形的特征是自由地塑造树形。因此，主枝可以是1个，也可以是3个，山梨县土屋长男先生还创立了4根主枝的X形自然整形作为永久树形。在此，著者对此进行介绍。

◎ 长梢修剪——确保主枝长势不衰的修剪方法

（1）主枝的顺序不能随意改变　在X形自然整形中配置了4根主枝，但主枝的顺序很讲究。这是为了防止出现"失败枝"的现象。"失败枝"是指排名靠前的枝条（第1主枝）比排名靠后的枝条（第2主枝或第3主枝）长势弱。长势输掉的枝条变细，排名靠后的枝条变粗。长势输得太厉害，输掉的枝条上就结不出好果实。

关于这个枝条的排列顺序，有人误认为第1主枝和第2主枝可以根据葡萄园的情况随意改变，这是错误的。枝条的顺序是指枝条长出的顺序，从苗木先端长出的枝条的延长枝是第1主枝，不能因为这个枝条的状况不好就把后面长出的枝条作为第1主枝。也就是说，第1主枝相当于一个家庭的长子。

但是，如果因为某些原因将第1主枝疏掉了，则可以将第2主枝升级为第1主枝。

（2）至分枝点距离的重要性　　众所周知，为了保持第1主枝强旺的长势，要注意使其占的面积比平时大，并且，在倾斜地通过使第1主枝朝向更陡的上方，可以减少"失败枝"的发生。而到主枝和亚主枝分枝点的距离也很重要，我想这一点很多人都不知道。

X形自然整形原则上培养4根主枝，首先，在棚面下50厘米左右，从第1主枝使用副梢产生第2主枝。然后，间隔1.5~2米，从第1主枝分枝长出第3主枝，从第2主枝分枝长出第4主枝。此时重要的是，从主干到第3主枝的分枝点的距离（A）比到第4主枝的分枝点的距离（B）要短（图5-6）。

另外，从主枝的分枝点到第1亚主枝的距离也很重要，第4主枝到第1亚主枝分枝点的距离（F）最长，第2主枝到第1亚主枝分枝点的距离（E）和第3主枝到第1亚主枝分枝点的距离（D）要短，第1主枝到第1亚主枝分枝点的距离（C）最短。这

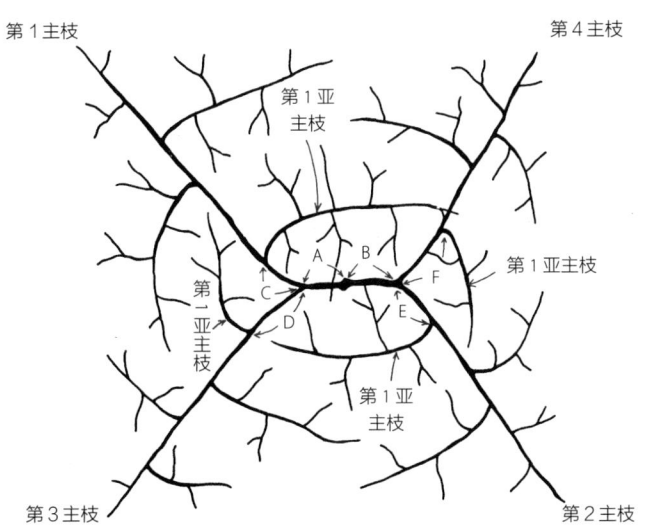

图5-6　不产生"失败枝"的主枝、亚主枝的修剪方法
X形自然整形中不出现"失败枝"的要点是，至分枝点的距离要求 A<B、C<D ≤ E<F

样一来，第1主枝很少会变成"失败枝"。

对主枝、亚主枝、侧枝等重要枝条的先端，要经常加强其长势。先端的新梢如果很强，就会通过叶片的蒸腾吸收水分，使枝条不易凋谢（图5-7）。

即使是"失败枝"，只要结果和果实品质没有太大差异，就可以直接使用。但是，如果长势输得太严重，没有结出好的果实，就不得不升级下一根主枝。这不仅适用于主枝，也适用于侧枝。

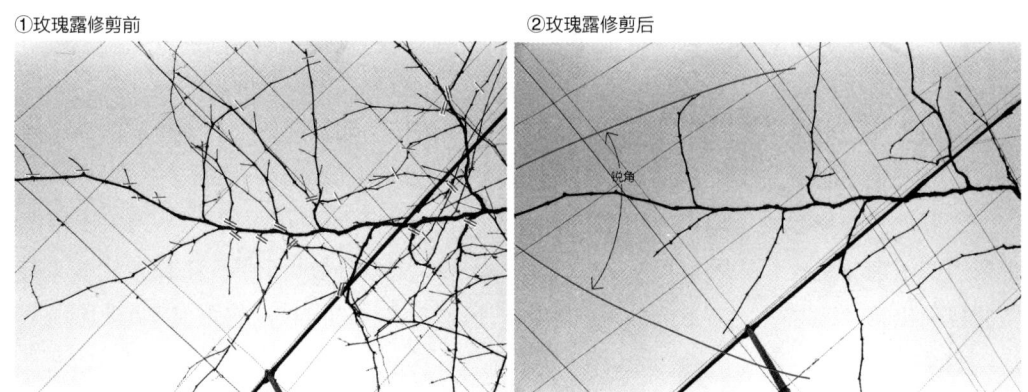

图 5-7　主枝先端部修剪

经常修剪，形成以主枝先端为顶点的锐角三角形（首先在 ‖ 标记处进行疏枝，然后在 | 标记处进行短截）

◎ 长梢修剪——树形是这样形成的

（1）**整形的顺序**　要让苗木长出的1根新梢，并在1年内培养出4根主枝和亚主枝，首先，让从苗木的顶端长出的新梢（主梢）笔直向上生长，从棚下50厘米左右开始斜着伸展至棚线后向右延伸。然后，将距离主干1~1.5米处的新梢朝左斜向引缚，作为第1主枝培养。从那里延伸出的强副梢向右延伸，作为第3主枝培养。棚下50厘米处较强的副梢向左伸展，作为第2主枝培养，从主干1.5~2米处（与第1主枝的分枝处）长出的较强三次梢向右延伸，作为第4主枝培养。

由各个主枝向左右长出的副梢、三次梢、四次梢形成亚主枝。如果1年内完不成，可以在第2年完成。分枝之间的距离参见图5-6。X形自然整形第1年的整形顺序，见图5-8。

（2）**尽快形成树冠**　要想用1根新梢在1年内形成树形，要求第1年生长非常好。因此，使用2根新梢（主梢），更容易加快树形完成的速度。

苗木长出2根新梢就可以了。此时，最重要的是将从上面的芽伸出的新梢作为第1

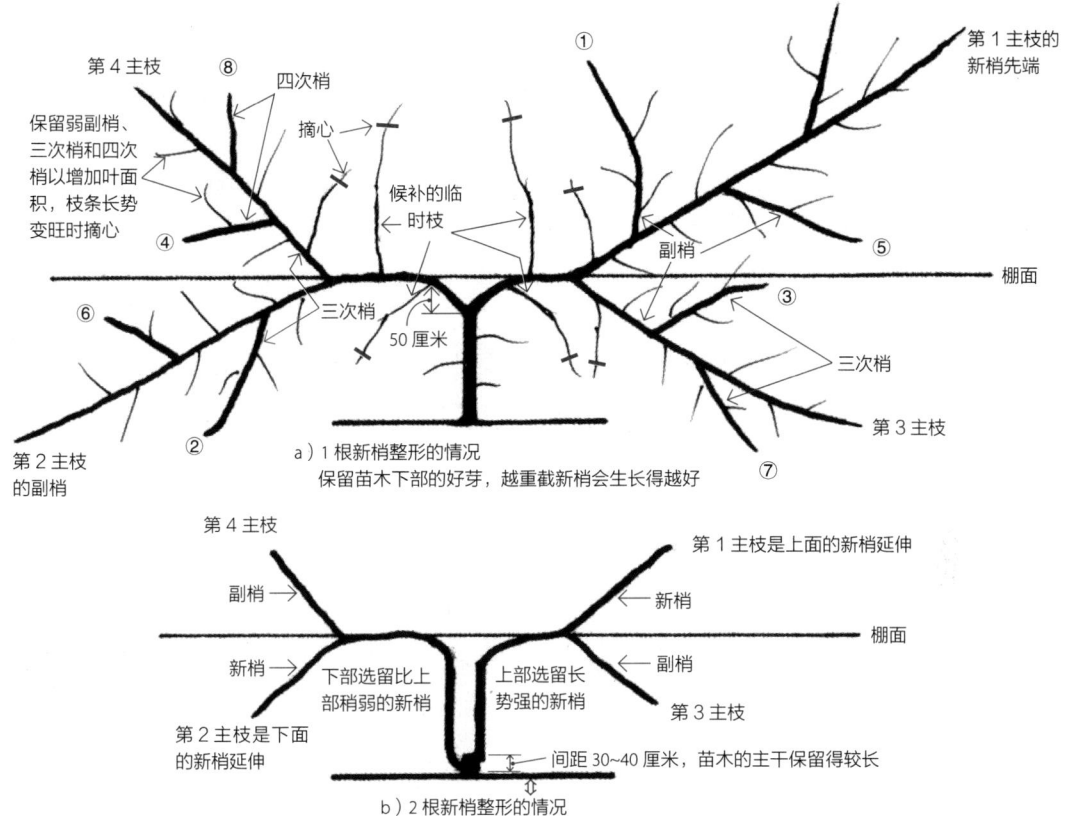

图 5-8 X 形自然整形第 1 年的整形顺序
①~⑧是亚主枝的修剪顺序,不一定都要按这样操作,要根据树的情况不同而调整

主枝,但要选择强的新梢。因为这根新梢如果太弱,就容易变成"失败枝"。另外,上面的新梢和下面的新梢之间相隔较远,下面的新梢稍弱,就不容易成为"失败枝"。

这两根新梢垂直延伸到棚下,从那里左右分开成为第 1 主枝和第 2 主枝。之后和用 1 根新梢的培养法一样,分别把副梢作为第 3 主枝和第 4 主枝,同时也选择亚主枝进行培养。与用 1 根新梢培养树形相比,在三次梢上形成第 4 主枝的亚主枝长得更快。

另外,主干越短,树势越旺盛。土屋长男先生就是用这种方法来对先锋进行整形的,每 1000 米^2 只栽植了 2.5 株。

◎ 长梢修剪——修剪不是根据树形而是根据树势来判断的

(1)**树势由修剪量决定** 栽培的目的是采收很多品质好的果实。葡萄园里盛产好果实的树相,我们称为高产树相。

高产树相的结果枝萌芽和展叶早,初期生长旺盛。从盛花前 2 周开始至开花期间生长迟缓,坐果好,盛花后 1 个月左右停止生长。基部粗、先端细,略呈闪电形延伸,叶片较大、枝条细,副梢的发生较少,仅长 1~2 片叶就停止,叶色至成熟期都很深。

为了形成这样的高产树相,调节树势是最重要的,但最有效的是控制修剪的强度。修剪的强度就是指剪掉的枝条的量,剪掉的枝条的量越多,则修剪就越强。

(2)修剪的强弱由留下的芽数决定　修剪的强弱严格来说是根据芽的数量来判断的。留下的芽数越少则为强修剪,留下的芽数越多则为弱修剪。

新梢是靠前一年贮藏的养分生长的。养分主要贮藏在粗枝和根中,只要不剪掉主枝、亚主枝、粗根等,即使修剪也几乎不会使养分减少。因此,剪掉的芽数越多(剩下的芽数越少),提供给 1 个芽的养分越多,生长越好(图 5-9)。

图 5-10 为剪枝的步骤和基本方法。

(3)剪留长度取决于芽数　结果母枝的修剪方法和整株树的修剪方法一样,原则是强而粗的留长,弱而细的留短修剪。也就是说,强而粗的芽要多,弱而细的芽要少。

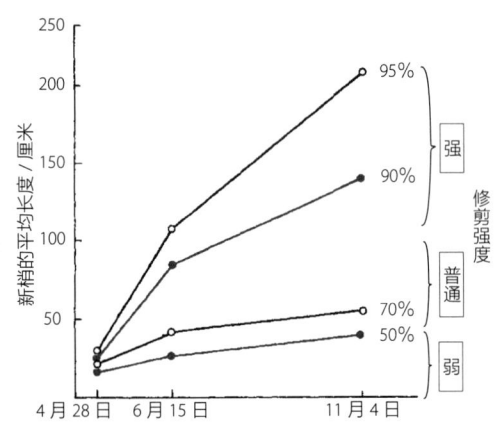

图 5-9　剪枝越多,第 2 年的新梢就生长得越好

% 表示剪下的成熟结果母枝长度的比例(7 年生露地栽培的巨峰)

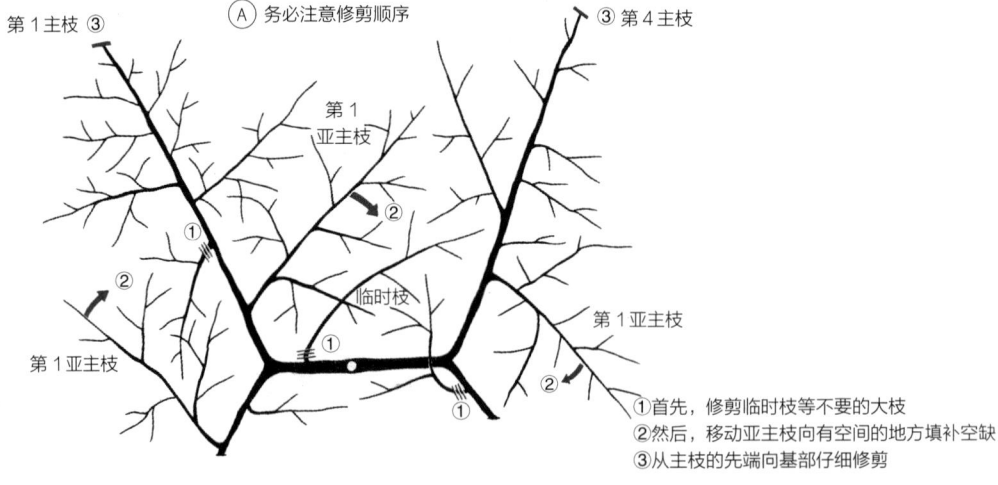

图 5-10　剪枝的步骤和基本方法

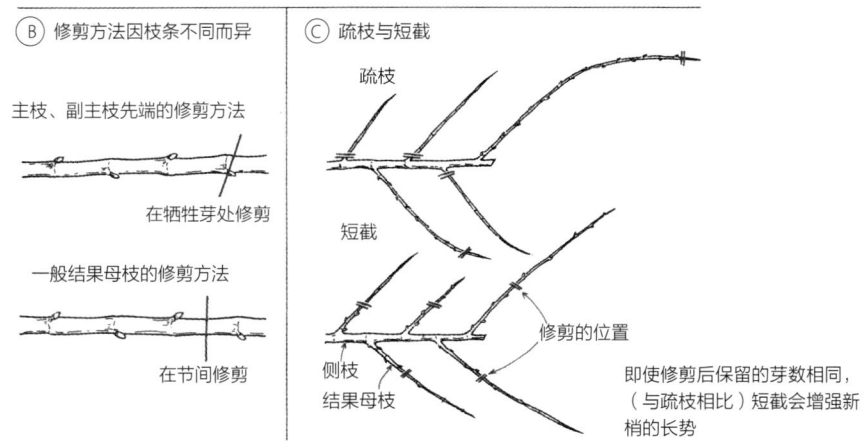

图 5-10 剪枝的步骤和基本方法（续）

需要注意的是，粗的结果母枝节间很长，即使想留得很长，芽也很少。另外，节间长度也因品种而异。例如，栽植玫瑰露的人修剪先锋，大部分情况下会导致结果母枝变得过强，这是因为用修剪玫瑰露的习惯去修剪节间较长的先锋的缘故（图 5-11）。

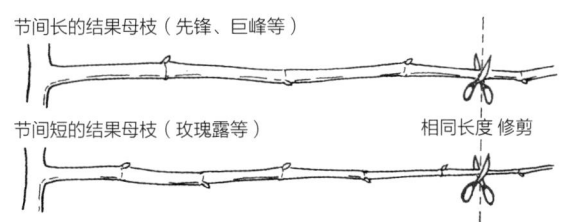

图 5-11 由于节间长度不同，即使留下的长度相同，芽数也不同
玫瑰露保留了 5 个芽，先锋等品种只保留了 3 个芽，这样就变得过强了

为了避免这样的情况出现，在开始修剪之前先数芽数，确定要保留的长度和芽数。

（4）休眠期的棚面状态与树势判断　树势稍弱的露地栽培玫瑰露，见图 5-12 ①。图 5-12 中①和②都是露地栽培葡萄园的情况，①可能会产量过多，新梢的生长和成熟都很差，树势稍弱。在这种情况下，稍微加强修剪，减少芽数，就可以恢复理想的树势。

接近理想树势的玫瑰露（图 5-12 ②）和图 5-12 ①是同一个葡萄园的树，平均新梢长在 1 米以下，新梢数量为 2 万根 /1000 米^2 以上，叶面积指数为 3.1，产量为 2.4 吨 /1000 米^2。结果母枝的成熟也很好，对这样的树的修剪，与前一年差不多就可以了。

树势极强的无加温大棚栽培玫瑰露（图 5-12 ③）平均新梢长 3 米，长数米的结果母枝多，叶面积指数超过 6，果实的着色不理想。这样的葡萄园，虽然生产力很高，但没有达到与树冠面积相匹配的产量，所以要间伐并扩大树冠，果断地进行弱修剪，就能成为优良的葡萄园。

◎ 长梢修剪——结果母枝的强弱与修剪

（1）结果母枝的强度和修剪的标准　那么，具体应该修剪至多长呢？玫瑰露结果母枝基部的直径为 9 毫米以上，巨峰 10 毫米以上的留 30~40 个芽；玫瑰露结果母枝基部的直径为 5 毫米，巨峰 6 毫米以下的留 5 个芽。如果是中等直径的结果母枝，根据直径留 5~30 个芽。

一般来说，品种和生长方式不同，结果母枝的长度、直径和成熟枝的长度等也不同。但如果结果母枝充实部分长达 40 节以上，可留 30 个芽以上；如果结果母枝只有 10 节充实，可留 5 个芽左右。

不过，留芽数量与栽植株数也有关系，如果栽植株数非常大，即使交叉也会留下很多芽，如果大部分结果母枝都只有几个芽充实，就在 2~3 个芽时短截，要仔细考

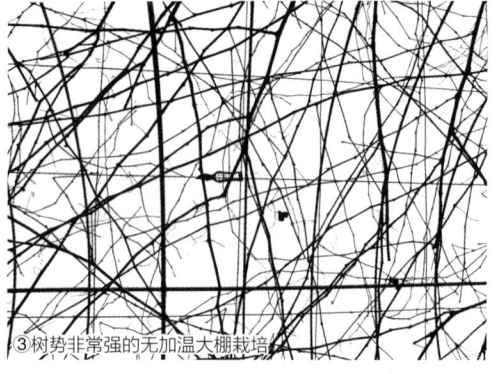

图 5-12　玫瑰露的树势判断

虑后再决定。芽太多的，可以通过摘除使之变少，但如果留的芽太少了却不能变多。难以判断的时候，还是稍微多留一些芽比较保险。

（2）大棚栽培的葡萄节间变长　在大棚栽培中，由于无风、温度高，新梢的节间容易变长。利用防风网栽培时，新梢节间也会变长。因此，在大棚栽培中，如果用露地栽培方式进行修剪，结果母枝的芽数会变少，还会在不知不觉中做了强修剪。

所以，从露地栽培转换为大棚栽培时，或者采用两种栽培类型的情况下，最好在修剪前比较一下露地栽培和大棚栽培的结果母枝，确认相同芽数下长度有多大差异。

（3）**长结果母枝修剪时长留修剪**　长结果母枝形成多是有其原因的。如果树的力量过剩，抽生出长结果母枝，若因这种结果母枝不好就将其剪短，则第2年就会长得更长。长结果母枝如果不长留修剪并加以利用，就无法控制。有人说如果对长结果母枝修剪时长留，会影响萌芽和新梢的整齐度，这是很严重的错误。姑且不管是二次生长或三次生长后的枝条，只要顺利生长，保留30个芽以上修剪，这样芽会整齐健壮萌发（图5-13）。

相反，修剪得越短，顶端优势就越强，先端和基部的长势差就越大。如果能果断地将长结果母枝在修剪时长留，留下大量的结果母枝，1年之内树势就会稳定下来。

如果下决心进行弱修剪，树冠重叠后就要间伐；如果不间伐，即使长结果母枝重叠，也要多留。有时也会不得已使用二次或三次生长的结果母枝，此时，使用萌芽促进剂和进行刻芽处理比较好。

图5-13　50个芽以上的长结果母枝不修剪，抽生整齐良好新梢（玫瑰露）

（4）**有效利用刻芽**　与中庸的结果母枝和副枝相比，粗大枝很难萌芽，芽萌发了也生长不好的情况较多。这时就可以采用刻芽（目伤）的方法处理。特别是对留下的二次生长的长枝，刻芽是必需的工作。

刻芽在树液开始流动后进行效果会比较好。方法为从芽向先端部5毫米左右的地方，横着划伤木质部（图5-14、图5-15）。

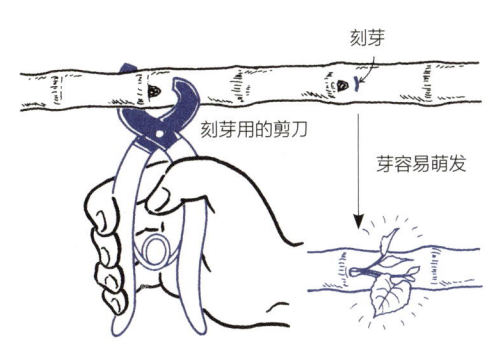
图5-14　刻芽后长枝容易萌芽

图5-15　长二次枝刻芽后的萌芽（巨峰）

虽然用小刀也能刻芽，但是用专用的剪刀，或者将便宜的剪枝剪刀口用磨床磨平后使用，效率更高（图5-16）。

（5）越细的枝条越要短　结果母枝很细该怎么办呢？这样的树被认为树势弱，所以在相同面积内留的结果母枝数量要比前一年少，而且要剪短。

有人认为芽数少，第2年的产量就会变少，所以留下的结果母枝偏多。这样一来，由于新梢短，无法确保叶面积，最后产量并没有提高。

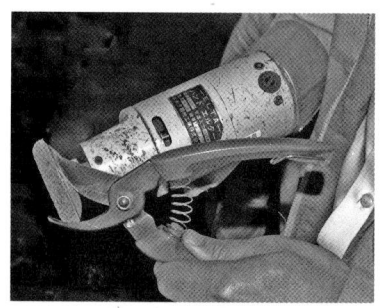

图5-16　用砂轮机磨平剪枝剪的刀口后使用

◎ 长梢修剪——与产量和树势相适应的修剪

（1）要考虑永久树的树形，还要考虑间伐树的产量　为了提高初结果树的产量，使用临时枝等，不过，有时它比主枝预备枝长势更强。考虑到将来的树形，为了不成为"失败枝"，要选择好主枝和亚主枝候补枝。

同时，树先端的枝条上一定要留下长势强而短的粗壮结果母枝（图5-17）。

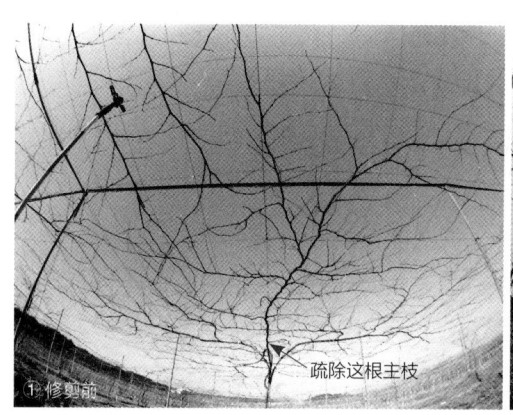
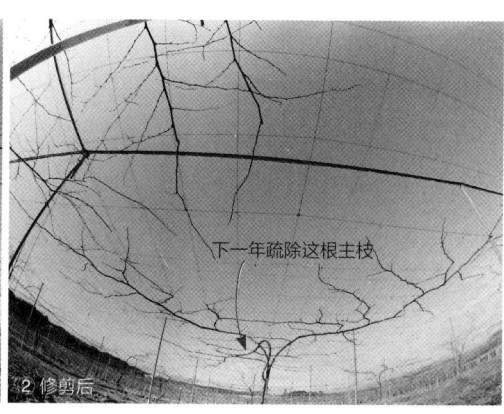

图5-17　永久树的初结果树的修剪方法
树势中庸的5年生玫瑰露由计划间伐树向永久树转变的修剪前后。原先的4根主枝将减少到2根主枝，保留1根临时枝；从2根主枝延伸出第3、第4主枝

间伐树迟早要砍掉，所以不用太在意树形和"失败枝"等。为了提高产量，结果母枝要多留芽（图5-18）。

（2）老树和树势弱的树要下决心重剪　老树的树势容易变弱。另外，持续早期加温或生病，树势也会变弱。对这样的树，即使改良土壤、施用大量肥料，也不会马上恢复树势。

第 5 章　整形修剪的思路与方法

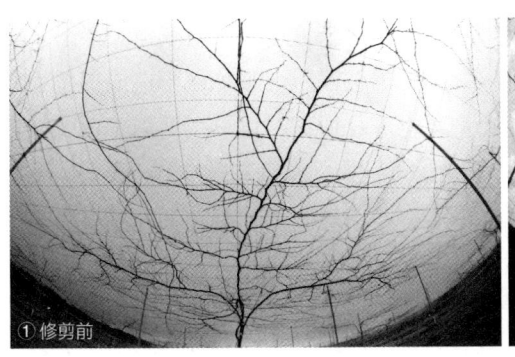
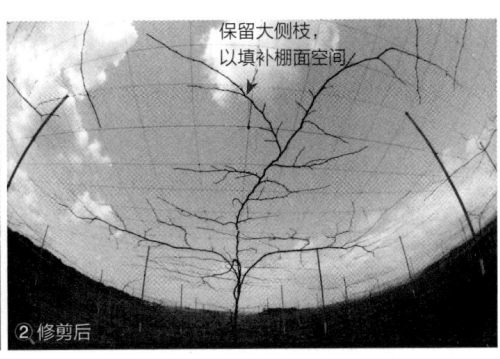

图 5-18　间伐树的初结果树的修剪方法
树势稍弱的 4 年生玫瑰露间伐树修剪前后。主枝先端的大侧枝也要保留,以提高产量。像②这样的间伐树修剪程度适中,尽可能地保留了结果母枝填补棚面

但是,如果进行强修剪,第 2 年树势就会变强。如果没有,那是因为修剪还是太弱,要果断地压缩树冠(图 5-19)。

另外,树势中庸的树,修剪时只需要保留与前一年相同程度的结果母枝即可(图 5-20)。

(3)用塑料布把临时枝绑起来　在长梢修剪中,为了提高初结果树的产量,应巧妙地利用临时枝。从栽植 1 年开始,如果过于重视主枝和亚主枝,将除此之外的

图 5-19　老树的修剪(不抹芽)
树势稍弱的 21 年生玫瑰露修剪后的萌芽状态。结果母枝留 2~3 个芽短截,保留较多枝条

图 5-20　树势中庸树的修剪
露地栽培的树势中庸的 12 年生巨峰修剪前①和修剪后的萌芽状态②。以这样的标准,修剪时只需要保留与前一年相同程度的结果母枝
→表示移动,‖表示修剪部位

结果母枝剪掉,本应该留下来结果的枝条的果实没有留下来,造成产量减少。

为了防止这种情况发生,将比亚主枝稍弱的结果母枝保留下来(以不造成拥挤为原则),结果1~2年后,在修剪时剪掉。虽然会产生空隙,但这时可以引缚第1亚主枝填补(图5-21)。

将临时枝的基部用聚乙烯绳缠数圈。1~2年后,在因聚乙烯绳刻入、在没有变粗的地方锯断。这样做伤口小,容易愈合。

不要使用会拉伸的塑料绳。另外,如果使用铁丝,取下来会很麻烦(图5-22)。

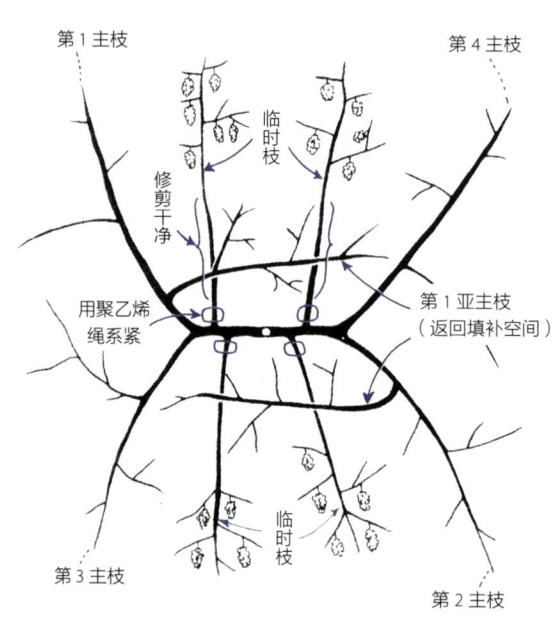

图5-21 临时枝的巧妙处理方法
引缚亚主枝向主干附近填空,主干外周有空的地方用临时枝填补以提高产量。为了不让临时枝长出新梢,其基部要修剪干净

图5-22 用聚乙烯绳系紧临时枝的基部

3 H形平行整形(短梢修剪)

◎ 短梢修剪——基础是主枝的平行性

(1)**可操作性高,修剪容易** 短梢修剪的树形有一字形、H形、双H形等,主枝都以一定的间隔平行配置。侧枝上的结果母枝留1~2个芽修剪后长出的新梢,类似灌木形葡萄枝条左右交替着生在主枝上。

新梢即结果枝，与主枝成直角排列，所以果实也整齐地排列在主枝两侧。因此，新梢管理、赤霉素处理和坐果管理等也能高效地进行。另外，因为主枝的长度相同，所以也不会出现在长梢修剪中成为问题的"失败枝"。

而且，短梢修剪是每年在侧枝长出来的结果母枝基部留1~2个芽修剪，如此反复就可以了，初学者也很容易完成。

（2）用无籽化克服容易落花的缺点　短梢修剪，由于修剪量增加，容易形成强树势，且树势难以调节，特别是易落花的大粒品种有籽栽培，采用短梢修剪会造成严重落花，所以栽培很难。

但是在今天，对这些易落花的大粒品种，通过在开花期进行赤霉素加氯吡脲处理的无籽化栽培成为主流，进行短梢修剪也能稳定栽培。因此，短梢修剪的栽培面积正在扩大，其意义重大。

（3）葡萄怕风，所以必须防风　在新梢基部变硬之前，如果受到强风的吹动，新梢很容易脱落，树冠上有空隙是短梢修剪的缺点。因此，除了风少的地方以外，不推荐露地栽培。不过，如果采用大棚或者双层网架栽培，完全防风是可能的。

◎ 短梢修剪——现在的枝条管理技术导致叶面积指数低

由冈山县大崎守先生开发、太田敏辉先生发展的短梢修剪方法中，主枝单侧长5.5~9米，主枝间隔为1.8~2.1米。现在主要采用的是主枝间隔为2米，侧枝间隔为20厘米的方法。

根据太田先生的计算，穗前7片叶摘心的新梢平均长度为80厘米，再加上副梢的45厘米长就是125厘米，与相邻主枝的新梢重叠25厘米，就能确保叶面积指数。就像之前在叶面积指数部分叙述的那样，包括阳光玫瑰在内，葡萄的最佳叶面积指数是4，但若采用这种做法别说叶面积指数为4了，连2都很难确保。

按照主枝和侧枝的间隔计算，每1000米^{2}的新梢数为2500根。1根平均长度为125厘米的新梢的叶面积为0.509米^2，每1000米^{2}的叶面积为1273米^2。也就是说，叶面积指数约为1.3。这样只能使1.2吨左右的果实正常成熟，不可能采收到2~3吨（图5-23）。

图5-23　1根侧枝（结果母枝）只留出1根新梢的传统新梢处理方法不可取，因为叶面积不足，难以取得高产

◎ 短梢修剪——增加叶面积就能高产

增加叶面积就是提高叶面积指数。通过接近葡萄的最佳叶面积指数 4，可以实现葡萄果实的高品质与高产。

（1）增加结果母枝数量，以增加叶面积　前面说过，每 1000 米^2 只有 2500 根（处）侧枝，如果每根侧枝只长出 1 根新梢，叶面积指数就不会是 4，那么要保留多少根新梢呢？

叶面积与新梢的长度成正比，若新梢短则留得多，若新梢长则留得少。

新梢长与叶面积的关系因品种、树势等不同而不完全一致，从表 5-1 可知，阳光玫瑰的叶面积指数为 4 时，每根侧枝要有平均长 100 厘米的新梢 4.9 根或长 125 厘米的新梢 3.1 根。

表 5-1　主枝间距为 2 米、侧枝间距为 20 厘米的阳光玫瑰要达到 LAI4 需要的不同新梢长度与数量

（安田，2016）

新梢长度 / 厘米	每根新梢的叶面积 / 米^2	必要的新梢数量 / 根	
		每 1000 米^2 的新梢数量	每根侧枝的新梢数量
50	0.098	40816	20.4
75	0.235	17021	6.8
100	0.342	11706	4.9
125	0.509	7859	3.1
150	0.645	6198	2.5

怎样才能长出这么多新梢呢？要做到这一点，除了改变 1 根侧枝 1 根新梢的认识以外，别无他法。首先，之前留 1 根侧枝（结果母枝）留 1 个芽修剪，现在留 2 个芽修剪，长出 2 根新梢（结果枝）。然后，第 2 年留下 2 根结果母枝，各留 2 个芽，新梢就会增加到 4 根（图 5-24）。

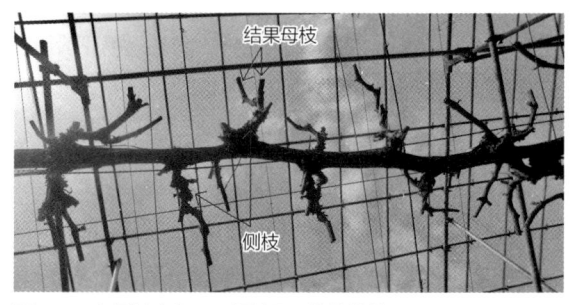

图 5-24　在侧枝上留下 2 根结果母枝的修剪

如果从一开始就这样做，就不会缺少来自侧枝的新梢，也能够确保最佳的叶面积指数。

（2）缩小侧枝间隔，以提高叶面积指数　除此之外，还可以通过缩小侧枝间隔来增

加新梢数量。指导中规定侧枝间隔为 20 厘米,但这只是目标。实际上是根据作为主枝的新梢的长势强弱来确定侧枝间隔的。作为主枝的新梢长势越强,节间就越长,侧枝间隔就越长。

因此,如果能控制主枝形成时新梢的长势,就能缩小侧枝间隔。

实际上,叶面积指数为 4、产量为 3 吨以上的阳光玫瑰园,主枝间隔是 2 米,但侧枝间隔是 15 厘米,作为结果母枝的每根侧枝留 3 根新梢。而且,也有从 1 根结果母枝生出 2 根新梢的,每 1000 米^2 有 1.7 万根新梢。不过,据园主说,有 1.4 万根就可以了。

这样一来,很细、不成熟的较弱新梢就会增加。这样的新梢虽然能进行光合作用,但生产出来的光合产物(糖)不用于枝条成熟,大部分都运向果实,提高产量(图 5-25)。

图 5-25　产量为 3 吨的阳光玫瑰园 10 月 25 日的新梢成熟情况
新梢数量多,不成熟的枝条多,但成熟的枝条也多

(3)改变主枝间隔和长度,以提高叶面积指数　使侧枝间距达到预期是极其困难的,与之相比,改变主枝间距很容易。

主枝间距越宽,就需要更多的长新梢来填补主枝之间的树冠。与此相对,如果主枝间距较窄,就可以用较短的新梢填补树冠。

著者考虑,虽然主枝间距为 2 米是一个容易记住的数字,但是对于高品质高产的目标来说,这个数字是否太宽泛了。

如果缩小主枝间距,要达到相同的树冠面积,就要缩短主枝的长度。如果觉得麻烦,如前所述,增加侧枝的新梢数量就可以了。

◎ 短梢修剪——栽植株数和整形方法

(1)最佳栽植株数　越是肥沃的土壤,栽植的葡萄树势越强,必须把树冠做大才能安心。适当的栽植数量主要根据土壤条件差异而有所不同,现在主流的栽植数量是 1 株的树冠面积为 50 米^2,每 1000 米^2 栽植 20 株。

现在,由于有了滴灌装置,液肥施用和灌水可以同时自动进行。通过调整灌水和施肥,即使在树冠面积不变的情况下,树势也能调整到适当的程度,所以栽植 20 株树是一个很稳妥的数量。

（2）主枝间距与主枝长度标准　以阳光玫瑰为例，短梢修剪时如果主枝平行，1株树的主枝可以是1根，也可以是2根、4根等。因此，以一字形、H形、双H形、双向五分枝形，确保树冠面积为50米²的主枝间距和主枝长度如图5-26、表5-2所示。

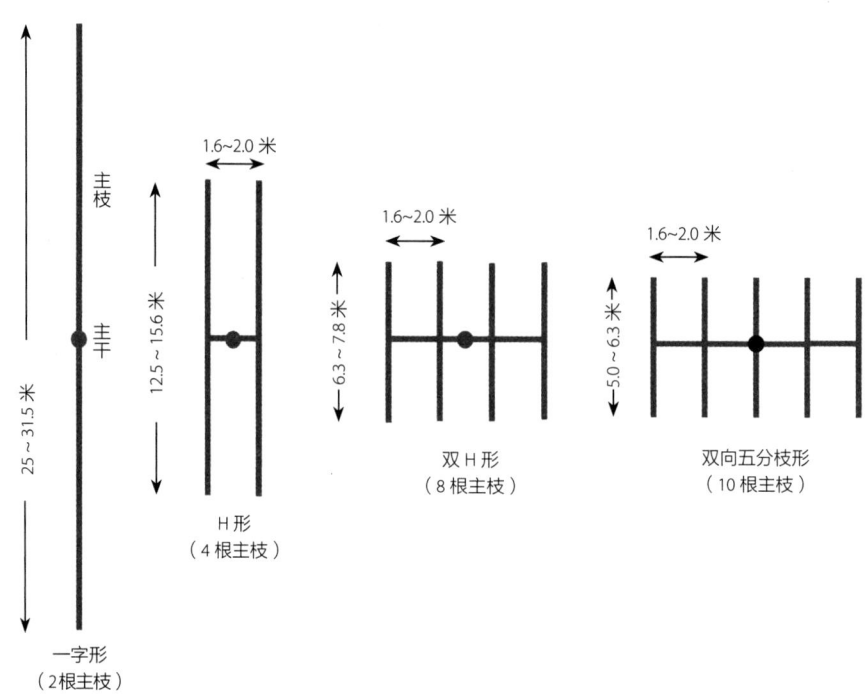

图5-26　树冠面积为50米²的葡萄树短梢修剪的主枝数量平面图（以阳光玫瑰为例）

表5-2　树冠面积为50米²的葡萄树短梢修剪的主枝间距、主枝数量、主枝长度标准

（高桥，2019）

主枝间距/米	不同主枝数的主枝长度/米			
	5根主枝	4根主枝	2根主枝	1根主枝
1.6	6.3	7.8	15.6	31.5
1.8	5.6	6.9	13.9	27.8
2.0	5.0	6.3	12.5	25.0

为什么要这么做呢，因为葡萄的主干在棚架的中柱和大棚的支柱之间会妨碍工作，所以要尽量栽种在支柱附近。但是，它们之间的间隔并不是固定的，而是多样的。

在宽度为4米的大棚中，如果在大棚中柱附近栽种，主枝间隔为2米整形比较容易。但是在积雪地带等使用抗雪能力强的宽3.6米的大棚中，如果栽种在大棚中间，主枝间距为1.8米。

另外，在葡萄园的地形较不规则时，有时会出现 1 根主枝就够了，有时则会出现需要 3 根主枝的情况，要根据具体情况做出判断。

（3）主枝间隔 1.6 米也不窄　表 5-2 所示的主枝间隔 1.6 米可能会被认为是很窄的，但实际上并非如此。葡萄的最佳叶面积指数是 4。在主枝间隔 2 米的情况下，即使不抹芽也不容易使叶面积指数达到 4。但是，如果缩小主枝间隔，就更容易实现这个目标。实际这样做会发现栽培相当顺利。

（4）因品种和树势不同而调整　以上是适用于阳光玫瑰的标准，不同品种新梢和叶面积的关系也不一样，即使是相同的品种也会因树势的不同而有差异。

先锋和巨峰的叶片也比较大，所以和阳光玫瑰的修剪方法差不多。但是像玫瑰露这种叶片较小的品种，需要增加新梢数量。是否为最佳叶面积指数，只要根据棚下不长草的程度来判断就可以了。

◎ 短梢修剪——树形培养的步骤

（1）主枝形成的顺序　即使是短梢修剪，葡萄树的生长方式也和长梢修剪的情况一样。也就是说，从苗木长出来的最上面的新梢要求很强壮。H 形和双 H 形主枝的形成顺序如图 5-27 所示。图中的数字是主枝编号，表示在 H 形中最早应该完成的主枝是 1，数值越大培育越晚。

但是在双 H 形中，3~6 号的主枝很容易形成，主枝按照 1、2、7、8 的顺序形成的可能性很高。这是因为离苗木（主干）的距离越近，到达主枝先端的速度就越快。

（2）H 形和双 H 形树势不同　H 形是指用 1 根新梢长出所有主枝的方法，双 H 形是指用 2 根新梢长出主枝的方法。这样一来，与 H 形的第 4 主枝取自三次梢相比，双 H 形的第 3~8 主枝取自副梢，具有树冠形成快的优点。

再加上主干的高度是从地面到苗木的先端，距离短。由于主干越短树势越强，所以即使是主枝间隔为 2 米的宽树形，新梢的数量多，生长延伸快，容易确保叶面积指数。

（3）1 根新梢也可以培养出双 H 形　当然，双 H 形或双向五分枝形也可以由 1 根新梢培养（图 5-28）。

如果想尽快扩大树冠，就要扩大栽植穴，使土壤肥沃，等树冠长出来后再反复追施氮肥。

但是，为了在栽植当年完成，作为第 1 主枝的新梢到棚架要长 2 米，到第 3 主枝的分枝点要长 3 米，从那里到主枝的先端要长 3~4 米。因此，应使其 1 年内生长到 8~9 米的长度才好修剪。

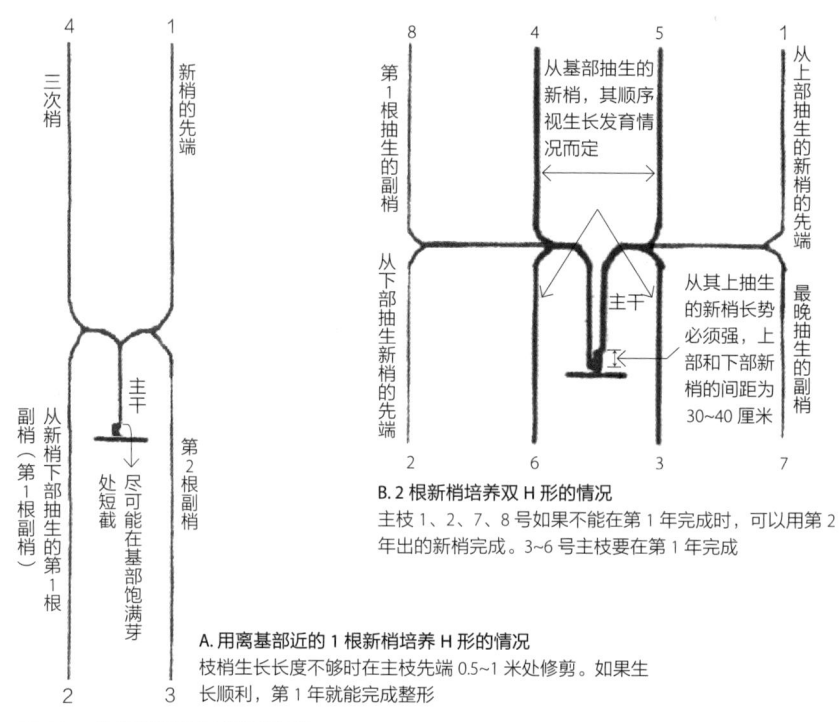

B. 2 根新梢培养双 H 形的情况
主枝 1、2、7、8 号如果不能在第 1 年完成时，可以用第 2 年出的新梢完成。3~6 号主枝要在第 1 年完成

A. 用离基部近的 1 根新梢培养 H 形的情况
枝梢生长长度不够时在主枝先端 0.5~1 米处修剪。如果生长顺利，第 1 年就能完成整形

图 5-27　短梢修剪的主枝形成顺序
数字为主枝编号，数值越大表示形成越晚

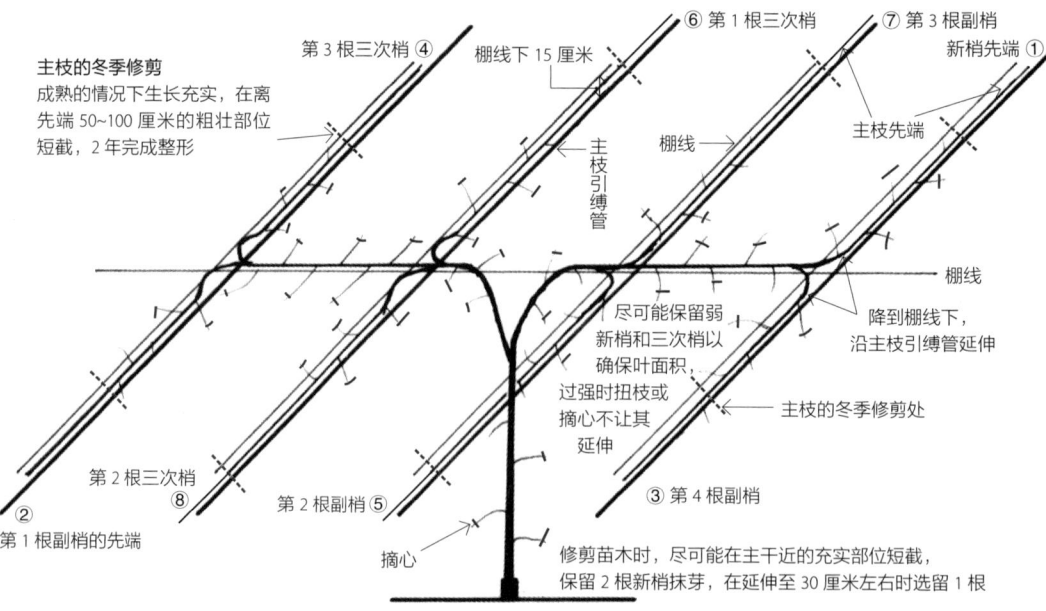

图 5-28　1 根新梢培养双 H 形短梢修剪的第 1 年生长示意图（①~⑧为主枝选留顺序）

尽管第4主枝来自三次梢,但必须在与第1主枝相同的长度修剪,要达到如此充分的生长量是相当困难的。

与此相比,第5~8主枝即使是三次梢,因为比第1~4主枝短2米,在第1年就很容易完成。

主枝候补枝冬季修剪时,如果成熟枝条的直径在1.5厘米以上(根据品种和树势不同),则留0.5~1米短截。然后,用第2年长出的新梢作为这个区域的主枝,2年完成。即使树冠粗壮充实,用短截一半的方法,不仅会减缓树冠的扩大,第2年的萌芽整齐度也变差。不采用强修剪第2年萌芽就不好的看法是没有根据的。

(4)**主枝在棚下15厘米延伸** 主枝也可以和长梢修剪一样配置在棚架上。虽然葡萄藤是蔓性的,但是新梢会逆重力向上伸展(图5-29),所以引缚时经常缺芽。

为了防止这种情况发生,将直径为19毫米的主枝引缚管悬挂在棚下15厘米的地方引缚主枝。如果让从主干左右分开的枝条像主枝一样在棚下伸展,会妨碍在主枝之间行走。因此,让这些枝条在棚架上伸展,采取将主枝向下引缚到主枝引缚管上的方法,以方便行走(图5-28)。

图 5-29 玫瑰露的新梢生长状态
保持新梢向上生长状态

◎ 短梢修剪——确保结果的结果枝修剪

(1)**结果母枝的修剪** 短梢修剪容易,是因为无论结果母枝的强度如何,全部留1个芽修剪。葡萄的结果母枝的腋芽几乎都含有花芽,所以才会有这种技术。

也可以像亚历山大麝香一样,留下肉眼看不到的隐芽进行修剪。这样做也有防止侧枝变长导致没有结果枝的部分扩大的作用。

但是，巨峰系等品种有基部的芽充实不良而不萌发的情况。

在这种情况下，通常会留下2个芽修剪。当2个芽都萌发伸长时，以前的做法多是留下基部的新梢而修剪掉先端新梢。但是，为了确保叶面积，最好2个芽都保留，基部的枝条要疏穗，作为结果母枝的候补；让从先端抽出的枝条上开花结果比较好。

从以叶面积指数4为目标的新方法来看，如上所述，在侧枝上留下多根结果母枝，留2个芽修剪，增加新梢数，以尽早达到最佳叶面积指数。

（2）弄掉了结果枝时的对策　在新方法中，如果侧枝上留有多根结果母枝，那么少了1根也不是问题。但是，若采用侧枝只留下1根新梢的方法，因为风的折损、引缚时或不小心碰掉而出现了空缺，最好是把从前后侧枝伸出来的结果母枝长留，引缚到空缺侧枝的方向填补空间。

第 6 章

萌芽期至养分转换期的管理

看起来像枯树一样的葡萄树萌芽生长，动力来自积蓄在枝条和根部的贮藏养分。因此这一时期可据此来判断贮藏养分是否充足，修剪强度是否适当等。

另外，这个时期有晚霜之虞，可能会毁损 1 年的成果，所以不可掉以轻心。

1 萌芽率和萌芽势的判断和对策

◎ 萌芽不整齐的对策

如果露地栽培和避雨栽培中出现萌芽不均匀，可能是前一年的早期落叶，或者是锈病和葡萄小叶蝉等病虫害引起落叶导致的。要记住，即使采收结束了也不要松懈。

如果加温栽培中出现全园的萌芽不一致，就可以认为是大棚内温度不均匀导致的，可以通过改变通风管的位置来解决。如果只有结果母枝的先端萌芽，基部不萌芽，可能是覆膜后温度上升过快导致的。

如果萌芽率差的只有不到 10%，整齐度也不好，为了缓慢生长，最好降低温度。预先刻芽也是一种处理方法。

加温栽培中，为了使室内湿度达到 100%，要充分灌水和洒水。细心的人还会以结果母枝为中心向枝条洒水，提高树体的水分。

◎ 不萌芽的原因是主芽枯死

尽管巨峰系品种的副芽经常萌发，但正常的腋芽中主芽稍微向前，长势很好，副芽在旁边稍微小一些。副芽一般有 2 个，只萌发 1 个或 2 个都萌发。无论哪种情况，主芽都明显较大。

当从腋芽位置长出的 2~3 个芽比其他腋芽长出的正常芽弱，没有明显差别时，有可能是腋芽中的主芽枯死了。原因可能是前一年的生长过于强势，或者开花期前后氮过量（参照第 1 章图片）。

◎ 结果母枝基部萌芽不良

留 20~30 个芽修剪的结果母枝，先端萌芽情况好、基部的萌芽情况差，这是因为前一年进行了二次生长。

二次生长后，二次生长的部分圆润正常，芽也发育良好。但是，由于一次生长的部分二次肥大，茎变得扁平，而且枝条内的氮含量也降低了，所以主芽枯死的情况很多，从而导致结果母枝基部萌芽不良（参照第 1 章图片）。

2 必要的果穗数量与疏穗时机

◎ 花穗越多、越大，营养状态越好

到了展叶 6~7 片时，就能看到大部分的花穗了。一般是第 3 节有第 1 花穗，接着第 4 节有第 2 花穗。然后空 1 节，再有第 3、第 4 花穗，如此反复出现。

对于玫瑰露而言，1 根结果枝上通常有 3~4 个花穗；巨峰、甲斐路、阳光玫瑰等大粒品种，花穗较少，一般 1 根结果枝上只有 2~3 个花穗。无论是哪个品种，花穗多的新梢多，则贮藏养分多，可以说是好兆头。另外，在花穗数量相同的情况下，可以认为花穗越大，营养状态越好。

◎ 所需花穗数和无籽栽培的疏穗

1 根结果枝上最多能长出 4 个花穗，但就留穗数而言，即使是像玫瑰露那样的小穗品种，每 1000 米^{2}可留 1.5 万个花穗。先锋、阳光玫瑰等留 3000~5000 个花穗就足够了。

对于容易结果的品种，以及用加了氯吡脲的赤霉素处理的无籽栽培，应留下预定数量1.2 倍左右的花穗，尽早疏除不需要的花穗。因为是利用贮藏养分生长，所以花蕾的数量越少，供给单个花蕾的养分就越多。也就是说，花穗疏得越早，越容易无籽，果粒也越大。

◎ 有籽栽培的疏穗

巨峰、先锋等不易有籽的品种，经常在短枝上结果。因此，在有籽栽培时，不要抹芽，要在坐果前减少疏穗。

不疏花穗，在开花前 5 天到开花前左右，对快要停长的短结果枝的花穗进行整形（预定穗数的 1.2 倍左右）。这样一来，很多无籽果粒就会落果，只剩下有籽果粒。

开花后 2 周左右，就能知道是否坐果了。因为此时留有大量的果穗，可将不需要的果穗一次性疏掉。疏穗越晚，留下果穗的果粒膨大变差，所以确认坐果后要尽快进行疏穗。

另外，极短的结果枝坐果不好，如果置之不理，花穗枯死脱落的情况会很多。

3 引缚与扭枝相结合

◎ 引缚在开花期前后进行

葡萄树是蔓性的，为给葡萄树做支撑开发出了棚架，从产量的方面来看，有必要用叶片覆盖整个棚面。

葡萄树的新梢不是完全横向生长的，而是斜向上方生长，所以要引缚新梢在棚架上均匀分布。但是，如果在开花期之前将新梢配置在棚架上，由于新梢基部不够充实而很容易折断。即使不折断，也会回到原来的方向。

因此，在开花期前后（展叶 10 片）、新梢基部充实时扭动新梢基部进行引缚，即用右手握住第 3~4 节，顺时针方向将基部扭过来，这称为扭枝（图 6-1）。

枝条数量少的时候，需用胶布等固定在架线上。否则，强壮的新梢又会恢复原状。

图 6-1　新梢基部充实时进行扭枝

◎ 对短枝放任不管

30 厘米以下的短新梢不容易引缚，所以可以放任不管，特别是没有果穗的新梢要保持直立状。这样做，结果层叶片变厚，接受光的效率提高，是很好的状态。

4 抹芽的判断和方法

如果只是为了增加干物质生产，抹芽不是必要的。我想从与以往不同的观点来阐述抹芽。

◎ 存在不需要的芽

和其他果树相比，葡萄树除了从结果母枝的腋芽萌发以外，从看不到的地方长出不定芽的极少。但是，幼树和初结果树有时会从主干或缩伐时锯除的临时枝切口附近长出新梢。

这种新梢几乎都没有花穗，如果放任其生长会变成强大的徒长枝，容易扰乱主枝和亚主枝候补枝的生长，它还会降低果实分配干物质的比例，所以一旦发现就立刻去除。

◎ 长梢修剪的疏穗

葡萄的新梢几乎都是结果枝，1根新梢有2~4个花穗的情况很多。在玫瑰露上能达到3~4个花穗。另外，树势稳定的巨峰的新梢几乎都变成了结果枝，花穗的数量也非常多。

以玫瑰露为例，假设留下1.5万根结果枝，就会有4.5万~6万个花穗。留下的果穗数量最多为2万穗，所以不需要那么多花穗，需要疏除。

栽培面积少的情况下，在开始出现花穗时，把不需要的花穗手工疏掉，就可以为高品质高产做出贡献。但是，大面积栽培的时候，有时疏穗的工作量太大，这时就不得不直接把带花穗的极短结果枝剪掉。

这种做法在无籽栽培的阳光玫瑰、巨峰、先锋等品种中也得到了推广。

◎ 短梢修剪的抹芽

为使短梢修剪栽培的葡萄的叶面积指数接近4，必须多留新梢。如果以最佳叶面积指数为目标，就会留下1万根以上的结果枝。

抹芽是在叶面积指数快要超过4的时候进行的，此时要抹除最强的结果枝。短果枝

是增加干物质生产，提高干物质向果实分配率的重要"赚钱枝"，抹芽短果枝对于降低叶面积指数作用不大。

5 符合栽培目的的摘心技术要点

除了葡萄树以外，柿树、板栗树、猕猴桃树有结果母枝，但需要摘心的只有葡萄树。葡萄树是蔓性的，而且枝条的长度相差悬殊，这可能是摘心技术的关键。

摘心的目的有很多，不能一概而论，但基本上都是为了促进坐果和控制叶面积指数。

◎ 有利于结果的摘心

在理想树相的情况下，即使不摘心，葡萄树也能正常结果，新梢也能在适当的长度停长。栽培上要尽可能达到这种树相，否则就要进行摘心。

有籽栽培的巨峰等易落花的品种，在开花后约 2 周内不要抹芽或摘心。摘心虽然能促进结果，但会结出很多无籽的果粒，疏除它们要花很大工夫。

在玫瑰露等品种开花期前通过赤霉素处理的无籽栽培中，由于单独进行赤霉素处理易引起落花，可以在赤霉素处理的同时进行了摘心。为了结果更有保障，可在处理前进行摘心。

后来，有了氯吡脲液剂后，相当强的新梢也能结果了。因此，即使是盛花期进行赤霉素处理的无籽栽培，使用了氯吡脲后，也能使结果稳定，没有什么特殊情况就不需要摘心了。但是，树势强的结果枝会落花，安全起见还是摘心比较好。特别是像玫瑰露那样在开花前进行赤霉素处理的品种，强新梢一定要摘心。

对于不太可能落花的品种或树，可以对刚展叶的新梢进行摘心，也可以不摘心。对于有可能会落花的品种或树，可以在展叶 7~8 片时摘心。另外，副梢也留 1 片叶摘心，结果情况会更好。

◎ 控制新梢生长的摘心

摘心有抑制新梢生长的作用。因此，需要扩大树冠的幼树和初结果树的主枝、亚主枝、侧枝的先端不能摘心。但是，除此之外的新梢在开花 1 个月后仍在生长，对果实生产不利,所以无论是成年树还是初结果树都要摘心。

摘心从新梢的先端开始,在展开 4 片叶以下的位置进行比较好。因为在第 4 片叶以上,为了叶片自身生长而从第 4 片以下的叶片获取养分。如果生长还是停不下来,就反复摘心直到停长(图 6-2)。

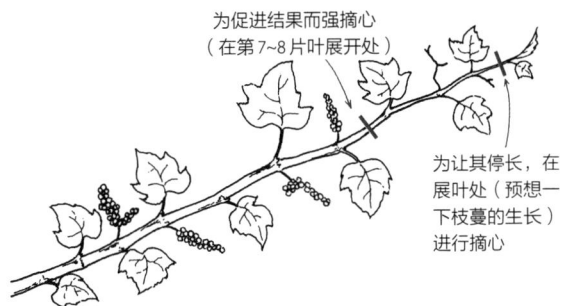

图 6-2 摘心的目的和程度
想稍微伸长后再停长时,在先端处摘心;不需要伸长时,在展开 4 片叶以下的位置摘心

6 短梢修剪的摘心

短梢修剪在保持强树势的同时易落花。此时,可对强的结果枝在展叶 7~8 片时摘心。没有花穗的新梢,为了生长到达对面的主枝处,只考虑基部的摘心控制即可。1 米以内自然停长的弱新梢,疏穗后放任生长。无论如何要把确保叶面积指数放在心上,进行多留叶的新梢管理。

7 霜冻预防要与生长发育阶段相适应

◎ 1 小时下降 1℃时就要注意

葡萄树比柿树抗晚霜能力强,但在有些地方还是会受害。葡萄树耐低温的能力随着生长发育阶段的发展而减弱。如果是在萌芽前,-5~-3℃持续 1 小时左右也能忍受;但是在展叶期,-3~-1℃持续 1 小时就会受害。

在晴朗无风的天气下,18:00 气温低于 8℃,并且以 1 小时 1℃的速度下降时,容易降霜(图 6-3)。因此,要密切关注天气预报,如果晴天有霜冻警报,就要每隔 1 小时观察 1 次室外温度计上的气温,了解气温下降的趋势,并决定是否采取预防措施。

如果发生霜冻灾害的风险较高，就启动防霜风扇。没有设置防霜风扇的果园，为了应急，可在气温降到 0℃时点燃煤油暖炉。

不仅是露地栽培，即使是无加温大棚，由于辐射冷却，有时大棚内温度比外面低，所以在可能有晚霜时，每1000米^{2}点燃几台煤油暖炉比较好。

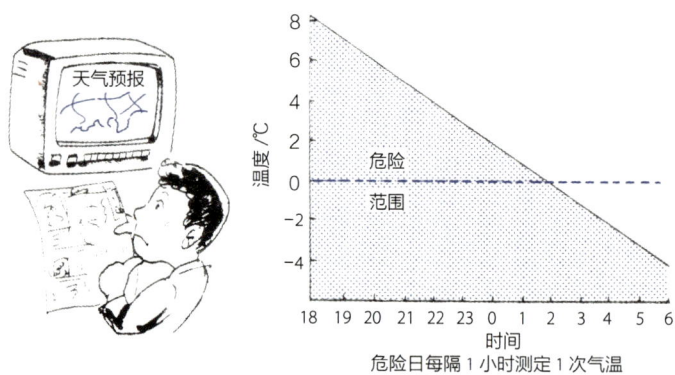

图 6-3　根据时间变化而不同的霜害危险气温
18：00的气温在8℃以下、每隔1小时下降1℃时容易降霜

◎ 遭受霜害后要强修剪

不小心受到霜害应该怎么办呢？例如，在长了几片叶的新梢受到严重损害的情况下，对新梢长出来的结果母枝要果断地强修剪，然后把新梢残骸从源头剪掉。这样一来，副芽就会长出来，虽然生长会延迟，但如果条件好，多少会结果，确保第2年的结果母枝是没问题的。

如果受害较轻，花穗健全，可以保留。但如果花穗受到了损害，就果断地剪除新梢，稍微加重对结果母枝的修剪。

8 采用嫩枝嫁接还是鞍接

◎ 嫩枝嫁接是更新品种的捷径

最近每年都有新的优秀品种被登记。品种寿命缩短，品种更新变快。要想更新品种，可以直接栽培新的品种，但将其嫁接到现有的树上，就能快速结果。

另外，是不是好品种，不种出来是不知道的。葡萄树冠大，一株一株地栽植新品种，需要较大的土地面积。但是，在一株上嫁接几个品种，新品种占地面积比较小，可以很快完成品种观察。

◎ 嫩枝嫁接很容易

快速可靠的方法是对正在生长的新梢进行嫩枝嫁接。接穗为展叶 7 片至开花期的新梢。在副梢的第 1 片叶刚展开时，选腋芽结实的节，带叶柄，剪下 1 节使用。

将新梢基部在节间剪下，向下削去中心部分，插入楔形的接穗。为了防止接穗干燥，用延展性良好的嫁接胶带从接穗处开始包裹整个嫁接部和接穗，但不能包裹叶柄（图 6-4）。这样才能牢靠，成活率高。

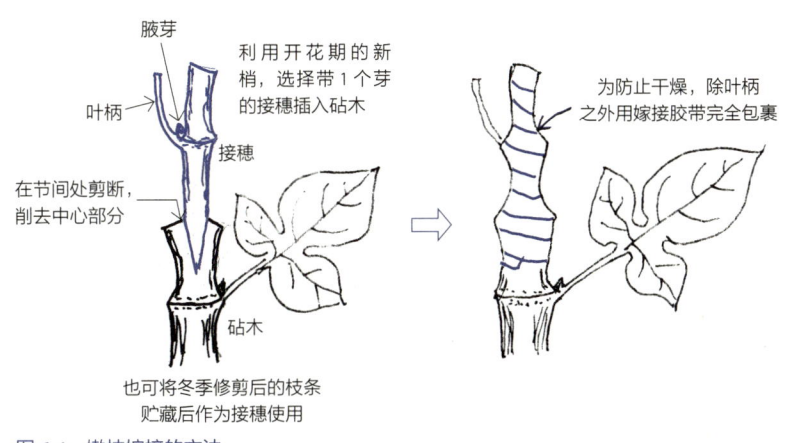

图 6-4 嫩枝嫁接的方法

如果在冬季剪枝时剪取接穗，可以用塑料袋将接穗包好放入冰箱贮藏备用，以防接穗干燥。要想成活率高，作为砧木的新梢越强越好，所以要接嫩枝的树要在冬季提前进行强修剪。如果贮藏砧木，可在 2 月下旬～3 月上旬将砧木直接插在旱地里或插在较大的聚乙烯盆里育苗。砧木的新梢长到 10 片叶左右，粗细与接穗差不多的时候进行嫩枝嫁接。

◎ 鞍接的步骤

葡萄苗木的价格较贵，最好自己培育。在此介绍一个比较简单的方法。

那就是和苗木店一样的鞍接法。在落叶的 12 月左右采集必要的砧木和接穗，将其浸泡在水里 1 天左右，让其充分吸水。为了防止干燥，要装入塑料袋，放入冰箱贮藏。到了 3 月中旬左右取出进行嫁接。

切取 2 节砧木，削去芽，然后将下部接近水平剪断，上部斜 50 度左右用小刀削成楔形。剪取1节接穗，下面的嫁接面和砧木一样斜切，呈楔形。

把楔形接穗插入砧木的楔形口。接好后，用嫁接胶带从接穗上方一直缠绕到砧木中间，防止嫁接部和接穗干燥（图6-5）。

然后，在方形浅容器里放置吸足了水的方形岩棉块（厚7.5厘米），把砧木端插入深处（以不到底的深度为宜）。可以把容器直接放在室外，如果想尽早出苗，也可以放入保温的大棚里（图6-6）。

为了防止其干燥，要保持容器底部湿润，不断水，确认长出足够的叶片和根后，连岩棉块一起栽植到苗圃中。如果准备好了栽植穴，直接栽植到田里也可以。如果要在1年后栽植到田里，可以先在5升或10升的花盆里培育。因为是不断根栽植的，所以栽植当年生长快（图6-7）。

另外需要注意的是，把登记有效期内的新品种，不管是接穗还是苗木，随意转给别人是违反法律的。

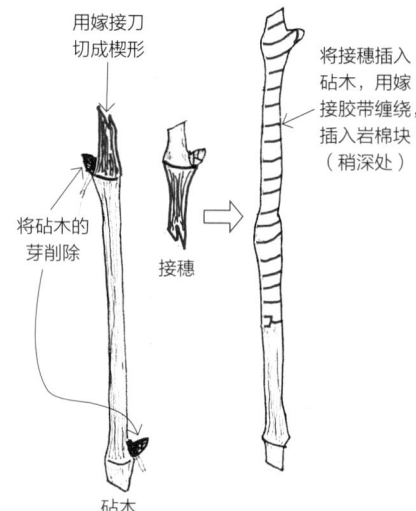

图6-5 鞍接的步骤

图6-6 将接穗插入岩棉块，使其在大棚内萌芽生根

图6-7 将嫁接苗置于花盆里培育

第 7 章

开花结果期的管理

开花期前后，是从依靠贮藏养分生长转向依靠新叶光合作用生长的养分转换期。此后，一边增加叶片一边加快生长，进入开花结果和果实膨大期。

1 新梢长势的判断

◎ 生长的新梢与停长的新梢的区别

新梢生长情况如何，观察从展叶 7 片到开花期的新梢的形态就可以知晓了。还会继续生长的新梢，茎的前端很粗，节间也很长。相反，过早停止生长的新梢，先端生长迟缓，节间缩短，叶片会变小。

◎ 有籽栽培的新梢（结果枝）

适合有籽栽培的巨峰和先锋的新梢如图 7-1 所示，是从最前端的花穗节开始突然变细的新梢（结果枝）。通过仔细观察新梢的状态，可以在一定程度上预测之后的生长发育情况。

图 7-1　容易形成有籽巨峰的新梢（结果枝）

◎ 开花期前后新梢长势的判断

随着开花期的临近，从新梢先端的状态可以更清楚地判断树势的强弱。强势的枝条就像抬起头的蛇一样，先端卷向内侧。随着长势减弱，先端变得笔直。

过了开花期也可以这样判断，但如果先端笔直、节间短、叶片小，生长就会很快停止（参照第 1 章图片）。

2 花穗的修剪

通过赤霉素处理的无籽化技术问世已经过了半个多世纪。在此期间，开发了氯吡脲液剂，使过去因（处理后）果梗变硬而无法进行无籽处理的大粒 4 倍体品种，通过盛花期处理得以无籽化。

据此，无籽栽培的第 1 次处理分别在开花前和盛花期进行。但是，通过疏穗形成的有籽果和赤霉素处理果有所不同（图 7-2）。

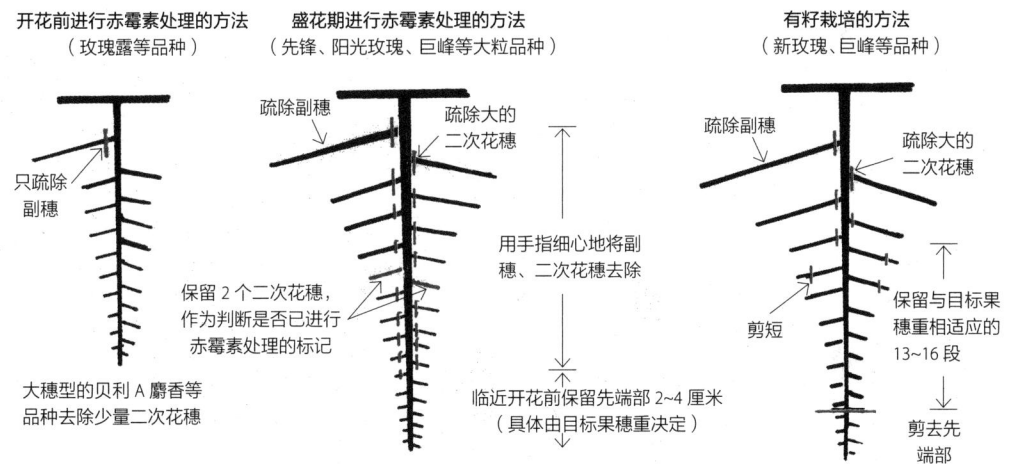

图 7-2　花穗修剪的 3 个类型

◎ 有籽栽培的疏穗和花穗的短截

康拜尔早生几乎不需要疏穗，只要去除副穗就可以了。

但是，新玫瑰和赤岭等是根据销售目的来确定花穗的大小和形状的，所以剪去花穗后还需要整理花穗。

对易落花的巨峰等有籽葡萄不进行疏穗，而是保留花穗目标数量 1.2 倍左右的花穗。修剪过的花穗在坐果稳定下来之后，1 根结果枝中只留 1 穗。另外，为了促进结果，使用缩节胺液剂，将疏穗推迟到能确定结果的开花后 2 周左右，一次性留下必要数量的结果良好的花穗后疏穗就可以了。

花穗的修剪方法是，根据目标果穗的大小，保留花穗中间的二次花穗。通常保留 13~16 段，除去其他二次花穗。当然也要除去副穗（图 7-3）。小的花穗只留先端部，这样容易疏粒。

◎ 赤霉素处理的葡萄必须尽早疏穗

葡萄的新梢几乎都是结果枝，通常有多个花穗。无论是长梢还是短梢，新梢留得多，不需要的花穗数量就多。因为是靠贮藏养分生长的时期，花穗夺取的干物质量不可小视。

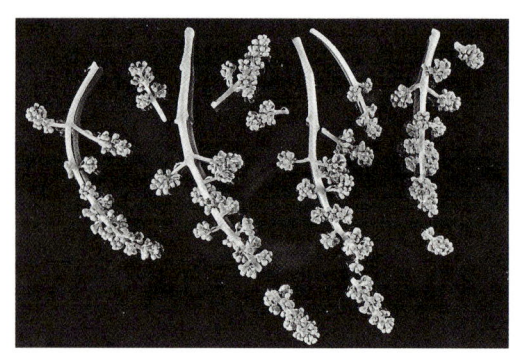

图 7-3　有籽巨峰花穗的修剪方法
对于大花穗，先要去除副穗，剪下上部的二次花穗，使二次花穗的数量达到 13~16 段。小的花穗也可不剪短

如果放任不管，果粒膨大Ⅰ期的膨大速度会明显下降。因此，为了尽快达到目标着果数，有必要减少花穗。但是，经过赤霉素处理的花穗并不一定都能结出好果实。

> **专栏**
>
> ## 如何计算 1000 米² 的新梢数量和果穗数量
>
> 露地栽培时，用粗聚乙烯绳做 10 米² 的框架来计数（图 7-4）。首先，制作边长为 316 厘米、对角线长 447 厘米的正方形框架。然后，用 8 号铁丝制作四个角上的挂钩。
>
>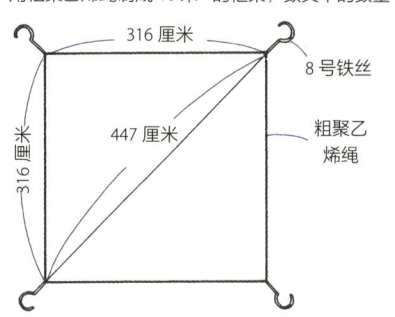
>
> 在要测量的地方，把挂钩挂在架子上，使对角线上有绳子的两点绷直。剩下的 2 个挂钩也分别挂在架子上，使两边绷紧。数一数其中的新梢数量和果穗数量，将其乘以 100，就可以得到 1000 米² 的新梢数和果穗数。
>
> 图 7-4　制作 10 米² 的框架，数其中的新梢数量与果穗数量
>
> 在大棚里，可以数一数用支柱围起来的框架内的新梢和果穗。测量柱与柱之间的间隔计算面积，换算为 1000 米² 的数量。例如，4 米宽的拱形大棚，主柱间距为 4 米，那么框架面积为 16 米²（4 米 ×4 米）。因此，可以将框内的新梢数和果穗数乘以 62.5 即为 1000 米² 的数量。

因此，考虑到结果不好的情况，要比目标结果数量多留一些。使用氯吡脲后，落花明显减少，甚至会因每穗的果粒过多而费时疏粒。

树势过强的情况下，也可以通过摘心使结果稳定。赤霉素处理前留下的花穗数是目标坐果数的1.2倍左右，除此之外的花穗要尽快除去。这样一来，剩下的花穗生长良好，容易无籽，早期果粒膨大良好（参照第1章图片）。

但是，阳光玫瑰花穗的先端容易出现分成两叉的花穗，这种花穗多的情况下目标花穗数稍微多留一点，在花穗短截时先判断一下再剪。

3 赤霉素处理时期的判断

◎ 处理时期根据结果枝和花穗的状态判断

第一个通过赤霉素处理实现无籽化的是玫瑰露。为了使玫瑰露、贝利A麝香等有籽的2倍体品种无籽化，在开花前进行第1次赤霉素处理，在开花10天后为果粒膨大而进行第2次处理（图7-5）。

问题是第1次处理时期的判断，赤霉素的用法是基于"预计开花日期14天前"的。但是，不管科学多么发达，事先知道开花日期是不可能的。因此，"预定开花日期14天前"毫无意义，而是要根据葡萄树的生长状态来判断。

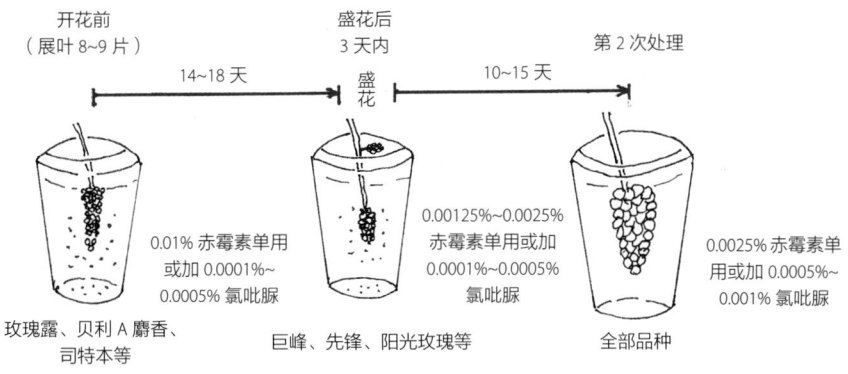

图7-5 赤霉素处理的时期与方法

◎ 玫瑰露的果穗松散，方便取粒、味美

以前的玫瑰露以紧密的果穗为主流，但现在比较喜欢较松散、容易取粒的果穗（图7-6）。而且对于种植者来说，赤霉素处理可以节省疏粒的人力，最重要的是可以解决裂果问题。以果穗倒过来时顶端稍微弯曲为宜。

进行处理时，在赤霉素中加入氯吡脲，结果会变好，果穗也容易紧密。因此，为了把果轴拉长，使其松弛，要尽快处理。

第1次处理是在展叶8片期进行，为了确保结果，应在7~8片叶处摘心（图7-7）。

这样做，目标果粒密度为每厘米轴长有9粒左右。但是，树势和栽培类型不同，即使在同一时期处理，果粒的情况也会不同，所以需要仔细研究，找到自家葡萄园的最佳处理时期。

图7-6 生产间隙松散的玫瑰露果穗（安田 供图）
左边是果粒间隙松散的极限，果粒之间有一点缝隙。右边是果粒间隙紧密的极限，到了可以看到果轴的程度

图7-7 赤霉素处理适期的玫瑰露花穗（展叶8片期）（安田 供图）

◎ 美洲2倍体品种以玫瑰露为标准

贝利A麝香和司特本等美洲2倍体品种也会在开花前进行处理，其方法与玫瑰露相同。赤霉素处理越早越易成为松散的果穗，越晚越易成为紧密的果穗。

应从展叶数和花穗的生长等方面仔细研究结果枝的生长状态，确定适合自己葡萄园的处理时期。

◎ 盛花期赤霉素处理要根据品种和树势判断

花穗的修剪方法和开花前处理时一样，应尽早进行，以利于果粒的早期膨大。

根据品种和树势的不同，有易坐果的情况，也有易落花的情况。如果可以确定坐果良好，留下的花穗数量只要比最终疏穗量多20%就可以了。如果担心落花，可以根据情况多留50%。

4倍体的大粒系无籽果穗，大多容易脱粒，因此需要生产紧实的果穗。为了达到1个果穗的目标重，留下的花穗的长度很重要。如果以1个果穗600克为目标，则开花前

留下花穗先端2~3厘米部分（参照第1章图片）。

准确地说，即使是同样长度的花穗，果粒越大则越紧密。因此，即使是同一品种，也有必要根据自己葡萄园的果粒大小来调整。

另外，在留下的花穗上部3~4厘米的地方留下2个二次花穗，作为赤霉素处理的标记。用手捋掉二次花穗，工作效率会更高（图7-8）。

花穗修剪的时期，以1~2朵花蕾开放作为参考。过早把剩下的长度调整到3厘米，之后果轴会伸长，果穗会变长，开花时期也有推迟的倾向。

图7-8 二次花穗的处理方法
左手握住花穗的先端，右手向下捋掉二次花穗

◎ **链霉素处理的果实完全无籽**

无论是开花前处理还是盛花期进行链霉素⊖处理，如果晚处理一次，就会有籽。特别是在开花期以后进行第1次处理的大粒系葡萄，盛花后处理越晚，果轴的伸展就越少，越会形成紧实的果穗，越容易有籽。所有的花蕾开放，从盛开的状态开始3天以内是处理的最佳时期（参照第1章图片）。

为了切实消除种子，最好在开花前进行链霉素处理。在盛开前7~14天实施，如果同时防治病虫害，效率会更高。

◎ **使用前仔细阅读农药和生长调节剂等的说明书**

农药、除草剂及赤霉素、氯吡脲等植物生长调节剂，农药登记失效，使用浓度与时间有可能变更。因此，应向农业普及中心询问或仔细阅读最新的药剂说明书，正确应对。在重视食品安全的今天，为了让消费者放心，农药登记事项一定要遵守。

4 用"轻松杯"进行赤霉素处理

之前的赤霉素处理，第1次是用小的塑料容器浸泡花穗，第2次是在结果的果粒变成小豆或大豆大小时用大杯子浸泡。

⊖ 中国自2018年6月15日起，禁示在果树上使用链霉素，而是用赤霉素、氯吡脲等植物生长调节剂。——译者注

小杯子容量为 200 毫升，大杯子容量为 500 毫升，一边拿着一边浸泡，胳膊相当累。而且，第 1 次为了让赤霉素充分渗透花穗，还需要摇动花穗，很费功夫。

但是现在，称为"轻松杯"的器具被开发出来了（图 7-9），虽然价格有点高。"轻松杯"和第 2 次处理时用的小杯子大小差不多大小，用处理液从上面向花穗和果穗猛烈喷雾，除了花蕾和果粒，也能很好地喷洒到果轴。而没有喷淋的液滴和花穗上的液体可以回到大容器内，所以也节约了赤霉素的使用量。

因为杯子里没有液体，重量轻，手臂不会疲劳，而且操作速度快，可以大大缩短处理时间。对于想盈利的栽培者来说，这是必需的器具。

图 7-9 赤霉素处理用的"轻松杯"（安田 供图）

液体从杯子上部喷洒到花穗和果穗上。液滴等残液会被回收到大容器里，所以很经济

5 防止斑驳型着色障碍的方法

在开花前用赤霉素处理过的果穗，有时会出现混有没有着色果粒的情况，即斑驳型着色障碍（图 7-10）。未着色的果粒没有味道，即使是轻症，采收后也要花很多功夫调整。如果是重症，就完全不能出售。

出现这种情况的原因是果梗缺锰。即使土壤中有锰，如果土壤 pH 超过 6.5，也会阻碍锰的吸收，容易缺锰。因此，在 pH 低于 6.5 的酸性环境下，尽量不要施用钙肥。

斑驳型着色障碍，如果对果穗进行锰处理就能根除，所以在开花前进行赤霉素处理时，在 1 升的赤霉素溶液中加入 7.5 毫升的市售液体锰进行处理。可以先配制好锰液放在冰箱中贮藏，在赤霉素处理时再将所需的锰液量加入赤霉素溶液使用，非常方便。

图 7-10 正常果穗（左）和斑驳的果穗（右）

6 用缩节胺液剂使有籽巨峰稳定坐果

巨峰是一种容易落花且很难栽培的品种。其基本操作要点是轻修剪，增加芽数，稳定树势，使新梢在 1 米以下停长。但仅凭这些还不够，最好使用对增加坐果有效的植物生长调节剂。那就是在新梢展叶 7~11 片期，用缩节胺液剂喷洒整个枝叶。喷洒后坐果好是因为枝叶和花穗的生长受到抑制，所以在不容易落花的花穗期处理是关键。

巨峰的花粉萌发需要 30℃左右的温度，大棚栽培时坐果会很好。但是，万一花落了，又投入了巨大的大棚建设费，就会受到很大的损失。

即使是在不担心落花的情况下，也要从更加保险的角度进行处理。玫瑰露用缩节胺 800~1000 倍液，阳光玫瑰等欧洲 2 倍体品种用 1000~2000 倍液，4 倍体、美洲 2 倍体、3 倍体品种用 500~800 倍液。使用时期为展叶 7~11 片期，直到开花前结束。喷洒量为每 1000 米^2 100~150 升。

7 果肥的正确施法

◎ 果肥以氮为主，而不是钾

每 100 千克葡萄果实中含有 120~140 克钾，是肥料养分中需要量最多的。因此，一般果肥很重视钾肥。1500 千克的果实中所含的钾也只有 1.8~2.1 千克，而稻草、树皮堆肥等有机物中含有大量钾。因此，如果对每年都施用有机物的葡萄园施用过多的钾肥，就会造成钾过剩，导致镁缺乏。这样的葡萄园要控制钾肥的施用。

与钾相比，水和氮对果粒的生长更重要。开花后 20 天左右的果实中含有 92%~94% 的水。因此，如果在这个时期缺水，不仅会影响果粒的膨大，而且有可能出现硼缺乏症。特别是在大棚栽培中，为了避免过于干燥就必须注意灌水。

另外，这个时期新梢和新根的生长旺盛，枝条和根也会变粗，需要大量的氮。果粒所需要的氮量仅次于钾，所以这个时期如果氮没有发挥作用，果粒膨大会变差，甚至褐变。因此，在有机物充足的葡萄园，果肥应以氮肥为重点。如果新梢长势良好，每

1000 米^2 施用肥料的纯氮量为 2 千克左右；长势较弱，施纯氮以 3.4 千克左右为宜。

◎ 坐果后尽快施用

因为坐果后果粒会急剧膨大，所以确认坐果后最好尽早施用果肥。开花后 10 天就能知道坐果情况，可以观察一下坐果和果实生长的状态。

如果坐果良好，开花后 1 个月内新梢几乎停止生长，则在开花后 2 周左右，每 1000 米^2 施用纯氮 2~4 千克、纯钾 4~6 千克。

如果生长旺盛，开花后 1 个月新梢也没有停长的迹象，即使坐果很好，也要停止施用氮肥，只施钾肥。新梢长得好时要少施氮肥，长得弱时要多施氮肥。

8 快速施肥且不浪费的诀窍

◎ 施肥与灌水相结合

很多人认为只要施了肥就会有效果。但是，肥料要想被葡萄树吸收，至少要渗透到根部。肥料只要不溶于水就不能渗透，所以土里没有足够的水分肥料就不起作用。

在平坦的沙土上，撒上肥料后马上灌水就能顺利渗透。但是，在黏质土壤且有倾斜度的情况下，好不容易施用的肥料极易流失。

在这种情况下，可事先灌几毫米的水，使地面充分湿润，过一段时间之后再施肥，肥料就会适应潮湿的土壤。看准这个时机，充分灌水，肥料就能顺利渗透到土壤中。

最快捷的施肥方法是安装自动滴灌装置，将肥料溶入灌溉水，在灌水的同时自动施肥。因为可以自动调节时间，所以可以高效地施肥和灌水。如果是大棚栽培，就一定要引进自动滴灌装置。

◎ 待雨施肥

对没有灌水设备的露地葡萄园进行追肥，如果土壤干燥，最好等下雨后再进行追肥，即最好是在雨停且雨水不再流过地表时施肥。话虽如此，雨也不一定会在希望的时候下。因此，没有灌水设备的葡萄园，以基肥为重点的肥料设计是稳妥的，这种情况下最好多施一些缓效性肥料。

第 8 章

果实膨大 成熟期的管理

果实膨大成熟期是决定葡萄品质和产量的最重要时期。要充分理解果实品质和产量是由什么决定的，并进行适当的管理（图 8-1）。

1 容易混淆的目标产量和适宜产量

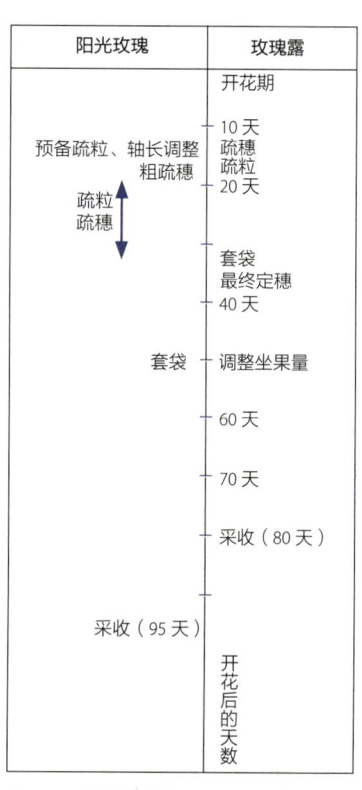

图 8-1　果实膨大成熟期的果粒管理（安田）

◎ 目标产量只是希望产量

目标产量多由生产组织或农业团体等，对前一年的生产目标与实际生产量的差异等进行讨论后，提出下一年的生产目标。这个值是平均值，和各园的目标产量不同。在参考它的基础上再制定各园的产量目标，这是以葡萄实际的状态为依据制定的可能实现的目标。

但是，无论哪种情况都是希望的产量，能否实现只能在采收结束之后才知道。尽管如此，还是有很多以目标产量为基准，结果量超出葡萄园的实际生产力而哭泣的例子。原因是没有理解确定适宜产量的标准。

◎ 符合干物质生产量和果实分配率的产量是适宜产量

产量指的是果实的重量，也包括不能作为商品的玫瑰露的青粒和先锋的红色果粒。但是从栽培目的来看，提高这种果实的产量无论如何都没有意义。我们需要的是大粒、糖度高、着色好、符合标准的果穗，更重要的是必须让消费者满意。让消费者满意的美味果实（果穗）的重量就是适宜产量。

那么，适宜产量是如何确定的呢？以叶片的光合生产力为中心的干物质生产量左右着果实的产量和品质，所以与叶片数量和平均新梢长，即干物质生产量和果实分配率相适应的产量就是适宜产量。

因此，要想提高适宜产量，就必须将叶片的数量增加到最合适的数量，使其均匀分布，同时将叶片生产的光合产物高效地运输至果实。

以下将对此进行说明。

2 叶面积指数增加，光合产物也会增多

◎ 什么是叶面积指数

因为葡萄是蔓性的，所以会攀缘向上生长，叶片层层叠叠地覆盖四周。在这种情况下，表示一定面积被叶片覆盖的程度的是叶面积指数（LAI），也就是单位土地面积上的叶片在该土地面积上可以没有缝隙地重叠排列多少片的数值。叶面积指数1表示1片，3表示可以重叠排列3片。

日本落叶阔叶林的最佳叶面积指数为3~6，水田的水稻为4~7。因为树冠和株间也有缝隙，所以将包括这些在内的单位土地面积的叶片密度称为叶面积指数。

本书之前说了葡萄的最佳叶面积指数是4，但是为什么不是1片叶排列，而是4片重叠比较好呢？如果不了解光的强度和光合作用生产的机制，就无法理解这一点。

◎ 光合作用机制和叶面积指数

葡萄树仅靠叶片是无法完全接受晴天的太阳光的。当朝阳照射到葡萄树的叶片，它就开始合成二氧化碳和水，进行生产葡萄糖的光合作用，光照强度达到500勒左右时，光合作用生产的干物质量和呼吸消耗的干物质量相等。这个点被称为光补偿点。

而且随着光照变强，光合产量增加，比呼吸消耗量多，葡萄糖积蓄在叶片中。在叶片中，葡萄糖会暂时变成淀粉贮藏起来，并进一步转化为蔗糖，转移到其他器官。这样，葡萄糖被分配到整株树，与肥料成分一起用于合成生长所需的物质。

另外，由于夜晚没有光照，叶片只能通过呼吸消耗葡萄糖。因此，白天生产的葡萄糖减去晚上消耗的葡萄糖，得到的量就是葡萄树可利用的葡萄糖（干物质）。

但是，葡萄树的光合速率（光合作用能力）在5万勒左右达到极限，趋于平稳。晴天的光照强度为10万勒左右，因此只能利用其中的一半（图8-2）。因此，葡萄树的叶片层层叠叠，才能充分吸收阳光。

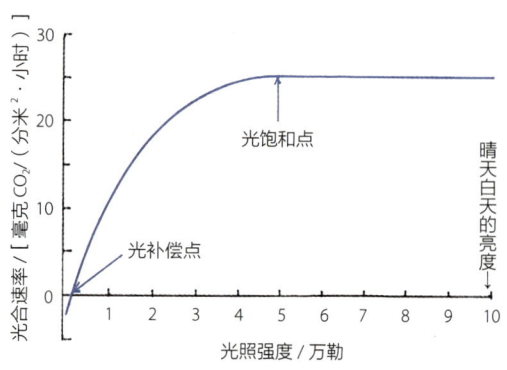

图8-2　1片葡萄叶只能利用晴天一半的光照强度

◎ 光合产物（干物质生产量）随叶面积指数的增加而增多

那么，叶片的重叠程度，即叶面积指数与光合产物（干物质生产量）之间有什么关系？

研究葡萄树的叶片量（棚下亮度）和葡萄树的干物质生产量（整株树的干重），发现每1000米²（单位土地面积）的干物质生产量与1000米²土地上的叶片量（叶面积指数）成正比（图8-3）。

也就是说，堆叠在架面上的叶面积越大，干物质生产量就越多。

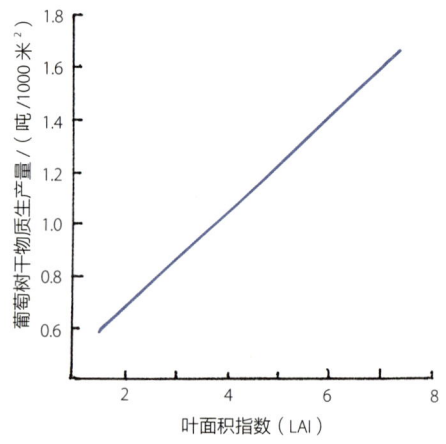

图8-3　葡萄树的干物质生产量与叶片量（叶面积指数）成正比

◎ 叶面积指数增加过多会产生负面作用

但是，并不是叶面积指数越高越好。如果叶面积指数过高，棚面变暗，下部的叶片因光照不足，光合作用生产和呼吸消耗的收支就会变成负数。生产出来的光合产物会被消耗掉。因此，其叶片会被葡萄树认为不需要而变黄掉落。

如果棚面过暗，下部叶片就像快要脱落一样，干物质生产量虽然增加了，但本来应该运到果实的光合产物却运到了荫蔽处的叶片里被白白消耗掉了。

3 葡萄的最佳叶面积指数是 3~4

◎ 最佳叶面积指数因光照强度不同而异

那么，葡萄的叶面积指数以多少为好呢？适合果实生产的叶面积指数为3~4，被称为最佳叶面积指数。之所以有3~4的幅度，是因为叶面积指数随从果粒膨大到成熟期的光照强度（天气）不同而有差异。

像在梅雨期和秋雨期那样长雨持续的时期成熟的品种和栽培类型，叶面积指数以3~3.5为宜；晴天多的时期成熟的品种和栽培类型，叶面积指数为4是最适宜的。

在冬季光照少的日本海一侧进行加温栽培，越早的栽培类型接受的光能越少，最佳叶面积指数为3左右。也就是说，在接受的光能少的情况下，叶片的重叠越少，遮阴的叶片就越少，消耗也就越少。

这个法则适用于长梢修剪和短梢修剪。

◎ 叶面积指数为4、产量为3吨的阳光玫瑰

调查叶面积指数为4的避雨栽培阳光玫瑰葡萄园，9月2日开始采收，每穗重1050克，每粒重16克以上，糖度为18%~20%，每1000米^{2}可采收3030穗，产量在3吨以上（图8-4）。

叶面积指数为4时，棚下变得相当暗，几乎不长草。这个葡萄园是短梢修剪的5年生树，连续3年采收3吨以上。即使不套袋，到了10月果实的绿色也很深，可以持续采收较长时间。

图8-4 叶面积指数为4、产量为3吨以上的避雨栽培阳光玫瑰开始采收时的果穗状态（2017年9月2日）

作业中几乎不抹芽，从侧枝长出几根新梢，只对长在侧枝背上的新梢留2~3片叶摘心。开花期的叶面积指数就超过了3。

这样一来，弱的新梢就不会成熟，只有引缚到棚面上的强新梢成熟。没有成熟的新梢会把干物质输送给果实而不是茎，所以可以提高产量（图8-5）。

◎ 叶面积指数为 2 以下的阳光玫瑰

图 8-6 是同样避雨栽培的阳光玫瑰在 9 月 8 日的状态。H 形短梢修剪的目标产量是 1800 千克，套袋了 3000 穗，所以目标穗重为 600 克。

但是此时糖度是 16% 左右，粒重是 15 克以下，成熟期可能是 9 月下旬或 10 月。

从侧枝长出的新梢只有 1~2 根，在 11 根枝条中有 7 根已结果，所谓的"赚钱枝"只有 4 根。所有的新梢都在旁边主枝的前面进行强夏季修剪。这样一来，就没有足够的干物质在 9 月上旬使产量仅为 1800 千克的阳光玫瑰葡萄成熟（图 8-7）。

图 8-5 叶面积指数为 4、产量为 3 吨以上的避雨栽培阳光玫瑰的棚面（2017 年 8 月 29 日）
与图 8-4 为同一个葡萄园

图 8-6 叶面积指数为 2 以下的避雨栽培阳光玫瑰（2018 年 9 月 8 日）
以 1.8 吨产量为目标，预计采收期为 9 月下旬 ~10 月

图 8-7 叶面积指数为 2 以下的避雨栽培阳光玫瑰的棚面（2018 年 9 月 8 日）
与图 8-6 为同一个葡萄园

新梢长势越强，自身成熟就越快，吸收的干物质越多。相应地，输送到果实上的干物质就会减少，很难培育出 3000 穗高品质的果实。

看了以上内容，我想大家已经理解了叶面积指数的重要性。

◎ 直射光着色品种的叶面积指数控制在 2 或 3

甲州和甲斐路等直射光着色品种，如果光不直接照射果实就不会上色。因此，如果将叶面积指数调高，则有可能使上色变差，所以要保持棚下明亮，将叶面积指数控制在 2 或 3 比较好。

不过，果实的着色不仅受光照的影响，还受温度的影响，以 15℃ 左右为佳。用辐射温度计测量了叶面积指数为 4 和 2 的果穗温度，发现两者相差 1.5℃。也就是说，提高叶面积指数，在光照方面的影响是负面的，温度方面的影响是正面的。关于这个问题，有必要研究一下。

调查了产量为 3015 千克的甲州优良园。平均新梢长 59 厘米，每 1000 米^2 新梢数为 10850 根，叶面积指数为 1.62，果实糖度为 16.3%。利用这个叶面积指数获得了 3 吨的产量，是因为平均新梢长 60 厘米以下。关于这一点，将在后面详细叙述（图 8-8）。

这是鲜食葡萄的情况，如果是酿酒葡萄，着色是不重要的，所以应该把叶面积指数提高到最佳值，这样就可以得到 5 吨的产量。

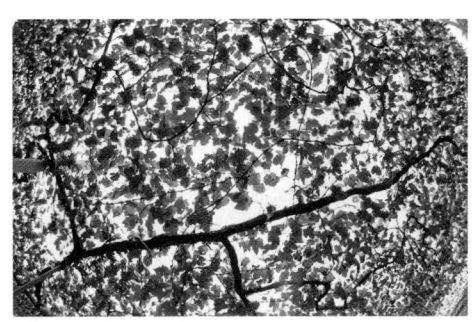

图 8-8　叶面积指数为 1.62、产量为 3 吨、糖度为 16.3% 的甲州优良园的树冠
平均新梢长 59 厘米，每 1000 米^2 新梢数为 10850 根

4　这样判断（测量）叶面积指数

即使理解了叶面积指数的重要性，如果不能判断葡萄园的叶面积指数是多少，也无法进行管理。怎样才能做出准确判断呢？

叶面积指数和棚面的亮度，以及地面上斑驳叶荫的图片见第 1 章。但是，仅凭这些很难准确判断自家葡萄园的叶面积指数。

目前正在研究怎样利用智能手机测定叶面积指数，据说近期将投入实际应用。如果能做到这一点，测定叶面积指数就会变得简单。

◎ 利用照度计测定的简易方法

在此，我想介绍一种更简单的测定方法。晴天的正午前后在棚下 1 米左右的位置用照度计测量光照强度（图 8-9），试着测量了叶面积指数为 4 的避雨栽培阳光玫瑰园棚下的亮度，当时露地的光照强度是 15.7 万勒，而棚下的光照强度是 1600~1700 勒。当时果实温度为 31℃，表面叶片温度为 34~35℃。

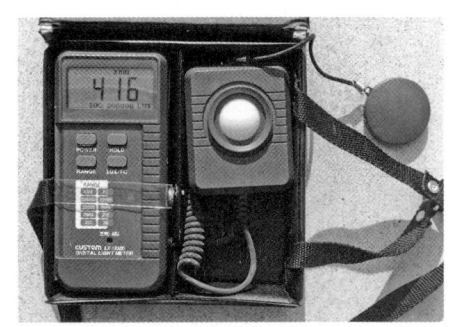

图 8-9　照度计

同一葡萄园的妮娜皇后的叶面积指数只有 2，棚下光照强度却达到了 4000 勒。果实温度为 32.5℃，表面叶片温度为 37~38℃。

与露地相比，叶面积指数为 4 时的棚下光照强度是露地的 1/100~1/90；叶面积指数为 2 时的棚下光照强度约为露地的 1/40，所以可利用这个规律进行判断比较。

◎ 从棚下草的状态判断

另外，在园内长草的情况下，叶面积指数达到 3 时，草的长势急剧衰退；叶面积指数达到 4 时几乎不长草；叶面积指数超过 4 时，下叶就会黄化、脱落，可以以此作为判断依据。

无论是使用仪器还是用眼睛判断，最重要的是尽量在葡萄园周边不受光照影响的地方进行操作，而且面积越大越好，越靠近葡萄园的中央越好。然后，仔细观察、测量平均亮度是关键。

◎ 在晴天的白天测量棚面亮度

最佳叶面积指数为 4，作为露地栽培 1 年的平均值是正确的。但是，从采收更多高品质果实为目的的栽培角度来看，这是不对的。这是因为如前所述，这个数值实际是有波动的。

这种波动取决于品种（特别是成熟时期）、栽培类型（特别是光照强度、日照时间）、温度、湿度、风、养分、水分等条件。因此，必须考虑这些条件来判断最佳叶面积指数。以此为前提，我想谈一下判断叶面积指数的注意事项。

最佳叶面积指数和树冠下的光照强度有关。但是，即使是同样的叶面积指数，晴天和阴天树冠下的亮度（光照强度）也不同。

光照强的时候，葡萄的叶片会下垂或向内卷，叶片的阴影变小，所以从树上透下来的阳光很多，感觉很明亮。但是，一到阴天或下雨的时候，光照就会变弱，这时棚下的叶片会变平（图 8-10）。因此，叶片重叠得很密，棚面感觉很暗。而且，根据时间不同光照也有差异。早晨和傍晚光斜射进来，没有光透过树木，棚面变得昏暗。所以，测量棚面的亮度最好是在晴天的中午。

图 8-10　棚下弱光下的叶片变平

5 提高叶面积指数的方法

◎ 长梢修剪提高结果母枝密度，短梢修剪则增加结果母枝数量

为了使葡萄达到最佳的叶面积指数 4，用传统的方法必须将平均新梢长度延长到 3 米左右。这样做，需要长到 8 月左右，生长时间会拖到早熟品种采收后，无法实现高品质高产。

可以打破以往的常识，即停止抹芽。完全保留 20~30 厘米停长的新梢，疏掉其上的花穗。

如果是长梢修剪，提高结果母枝的密度就能比较容易地提高叶面积指数。如果是短梢修剪，在前边的修剪部分已讲过，像以前那样在侧枝上留下的不是 1 根结果母枝，而是增加到 2 根或 3 根，使新梢数量飞跃性地增加。当然，第 2 年的结果母枝充足，不会有问题（图 8-11）。

短梢修剪因为容易长出强壮的新梢，所以 1 根新梢的叶面积比长梢修剪的大。因此，即使比长梢修剪的新梢数量少，叶面积指数也能达到 3.5~4。

图 8-11　不抹芽的阳光玫瑰的叶面积指数在开花期超过了 3

◎ 重要的是叶片要均匀地覆盖整园

即使叶面积指数是最佳值，如果整体叶片分布向一侧倾斜，树冠各处有很大的空隙，果实的品质和产量当然会下降。

重视葡萄新梢的引缚，是为了填补空缺。同样的叶面积指数，重要的是全园都被叶片均匀覆盖。枝条既可以交叉，也可以重叠，为了让叶片均匀排列，可以扭枝，也可以用胶带固定在棚线上。

另外，除了像主枝和亚主枝的先端必须伸长的枝条以外，超过最佳叶面积指数的新梢要摘心或夏季修剪让其停长。

总之要确保叶片均匀重叠的最佳叶面积指数。

◎ 不用引缚也能使生长整齐一致的方法

对与土壤条件相适应的树冠扩大、树势稳定的树,不抹芽以增加新梢的数量,形成平均新梢长 50~60 厘米停长的树势。新梢的一半在开花期停长,90% 在开花后 1 个月内停长。利用新梢的自重将其盖在架上,即使不引缚叶片也几乎能均匀地配置。但是,要形成这样的树势需要相当大的努力(图 8-12)。

不过,即使是树势充分稳定的树,在短梢修剪后也会长出很强的新梢,所以要把它们引缚到棚架上,并进行适当长度摘心。

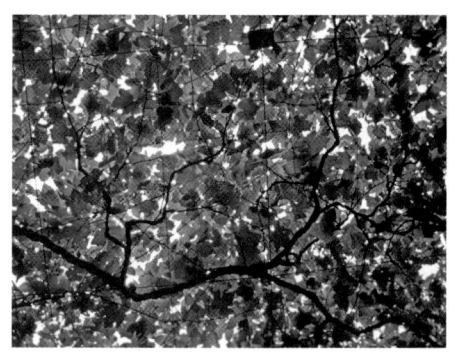

图 8-12　不抹芽,使新梢停长在平均 60 厘米的长度,即使不引缚也能使棚面保持均匀(玫瑰露)

◎ 百闻百见不如一行——实践一下确认正确与否

以上介绍了叶面积指数的重要性和达到最佳叶面积指数 4 的方法,但恐怕很多人不会马上进行实践。因为这是与以往的常识大不相同的作业方式。这个数值是根据阳光玫瑰的糖度为 18%~20%、产量超过 3 吨的实际事例得出的,至少这个事实是毋庸置疑的。除了这个葡萄园以外,也有使用叶面积指数为 3.5 左右、长将近 3 米的相当强的枝条、每 1000 米^2 留 3000 穗,获得 1000 克漂亮果穗的葡萄园。

人们对于自己的常识所能理解的新技术会很快相信。但是,越是脱离常识,就越需要花时间去信任。要判断正确与否,不试一下是不知道的。正所谓"百闻百见不如一行"。

6 增加光合产物(干物质)向果实分配

◎ 新梢(结果枝)越短,向果实分配的光合产物就越多

一直以来,我们都说葡萄的光合产物(干物质)生产量与叶面积指数成正比。但

是，光合产物不仅被输送给果实，还被输送给叶、茎、根。在光合产物生产量相同的情况下，应该多输送给果实。

在这个方面，起决定作用的是新梢（包括结果枝）的长度。进行光合作用的叶片一定长在新梢上。在结果枝上与果实竞争干物质分配率最激烈的是茎。如图 8-13 所示，果实和 1 年生枝（茎）的分配率成反比。

茎基部粗，先端细，呈圆锥形，重量与长度的平方成正比。因此，新梢越短，1 克茎支撑的叶面积越大。即使整株树的叶面积指数相同，新梢越短，对果实的干物质分配就越多。

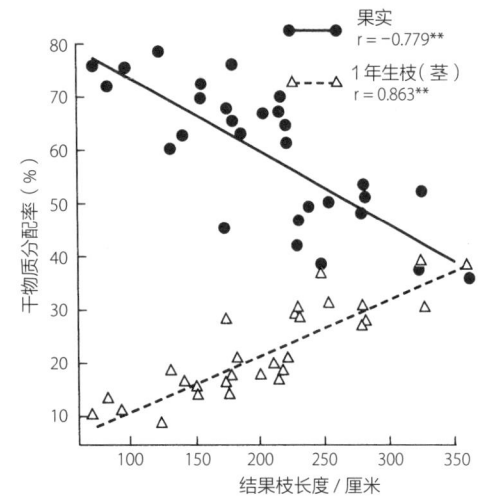

图 8-13　基部环状剥皮后的结果枝长度和果实、1 年生枝（茎）的干物质分配率

结果枝基部环状剥皮，干物质分配给果实、茎、叶。结果枝越短，向 1 年生枝（茎）的分配越少，向果实的分配越多

7　适宜产量（适宜坐果量）的确定方法

◎ 葡萄的产量极限

在巴西，日裔葡萄种植户的奥山红宝石的产量一般是 3~4 吨。因为地处亚热带地区，光照时间长，光照强，再加上海拔接近 1000 米，昼夜温差大，自然条件非常优越。不仅如此，巴西和日本一样，全部都是棚架栽培。

其他国家大部分都是篱架栽培，即使在与巴西相同的天气条件下，一般情况下产量也只有 500 千克，如果更高产，品质就会下降。因此，如果最大限度地发挥棚架栽培的优点，飞跃性地提高产量，可以在价格上与进口葡萄进行充分的竞争。

那么，日本葡萄的产量最高是多少呢？当然，糖度必须在 18% 以上。虽然严格测量的产量数据很少，但表 8-1 显示了调查得到的可信赖的数据。

产量最多的是前面提到的叶面积指数为 4 的阳光玫瑰园。其他葡萄园都是按照以前控制新梢长度的方法栽培的。甲州的产量也高达 3 吨以上，无论是先锋还是亚历山大麝香，都比一般葡萄园的产量要多很多。

表 8-1　日本高产葡萄园的产量

品种	平均新梢长度/厘米	新梢数量/（根/1000米²）	LAI	单穗重/克	单粒重/克	可溶性固形物含量（%）	果实产量/（千克/1000米²）
玫瑰露	58.0	30067	3.11	170	1.69	18.5	2301
阳光玫瑰	70.0①	19277①	约4	1100	16.00	19.5	3300
甲州	57.2	11835	1.65	390	4.85	16.4	3056
先锋	47.3	14700	1.65	395.5	17.00	16.7	2420
亚历山大麝香	113.3	3780	1.09	547.5	10.90	16.9	1635

①推定值

在岛根县，有与酿酒厂签订合同的种植户，栽培酿酒用甲州葡萄得到了4吨以上的产量。

该园的叶面积指数很高，约为4，糖度为17%，虽然着色不好，但很适合酿造白葡萄酒。如果想鲜食并且希望着色好，可以在果穗的南侧摘除几片叶。

从这些结果考虑，可以推测未来葡萄的产量会比现在更高。

◎ 这样确定适宜产量（适宜坐果量）

适宜产量由干物质生产量和果实分配率，即新梢的平均长度和密度决定，但这方面的研究数据很少。简便的确定方法如下。

向果实运输干物质的天数越长，产量应该就越高。果实的干物质量是指果实干燥后的重量，所以即使干物质供给量相同，糖度（约等于果实干物质率）越高的品种，适宜产量越低。

也就是说，可以通过从开花期到成熟期的天数和果实的糖度来计算适宜产量。为此，必须知道每天的干物质供给量。

以玫瑰露高产园的干物质生产为标准。采用叶面积指数为3.11的玫瑰露优秀园的数据（糖度为18.5%，4年平均产量为2400千克）。玫瑰露从开花期到成熟期的天数为80天，因此每天的干物质供给量为0.185（果实干物质率）×2400（产量）÷80（成熟天数）= 5.55千克。

葡萄的最佳叶面积指数是4，因此可以估值再大一点，但稳妥起见，我们将每天的果实干物质供给量设定为5.5千克。这个值也可以应用于其他品种。计算公式为"5.5×开花期到成熟期的天数÷该品种糖度=每1000米²适宜产量"。

以阳光玫瑰为例，5.5×105（成熟天数）÷0.19（糖度）= 3039 千克。这是指在天气良好的 9 月中旬成熟的栽培类型，开花后 1 个月左右大部分的新梢生长完毕，叶面积指数为 4 的情况。

如果叶面积指数只有 3，产量就是 2500 千克；如果叶面积指数是 2，产量就是 1500 千克。根据叶面积指数进行加减，但这个换算，只能是试着估算适宜产量。

如果叶面积指数超过 4，则产量会下降，因此在夏季修剪时，应调亮棚架，使叶面积指数达到 4，并调整坐果量，使产量稍低一些。其他品种请参考表 8-2。

表 8-2　最佳叶面积指数为 4 的葡萄品种的适宜产量

品种	成熟天数 / 天	糖度（%）	产量 /（千克 /1000 米²）
玫瑰露	80	18	2444
先锋	90	18	2750
阳光玫瑰	105	19	3039
甲州	125	18	4044

注：玫瑰露、先锋、甲州为露地栽培，阳光玫瑰为避雨栽培。

◎ 根据成熟期的光照来判断不同栽培类型的坐果率

糖（干物质）的生产量与光照成正比，因此必须根据成熟期的光照调整坐果率。

表 8-3 列出了日本山阴地区不同栽培类型玫瑰露的坐果率。这些数值会因地区的天气不同而有差异，因此各地需要进行修正。例如，表 8-3 中 6 月下旬 ~7 月下旬的坐果率比 6 月上、中旬的低，这是因为进入梅雨期后光照减少。

另外，即使是年内开始加温的超早期加温栽培，如果施用二氧化碳，也能获得接近露地栽培的产量。

表 8-3　日本山阴地区不同栽培类型玫瑰露的坐果率

栽培类型	成熟期	坐果率
超早期加温	5 月上旬以前	0.5
超早期加温（施用二氧化碳）	5 月上旬以前	0.8
早期加温	5 月中、下旬	0.8
普通加温	6 月上、中旬	0.9
普通加温	6 月下旬 ~7 月上旬	0.8
无加温	7 月中、下旬	0.7
露地	8 月上旬以后	1.0

◎ 初结果树根据盛花后 1 个月的新梢长度判断产量

树与树之间有空间，叶面积指数为 1~1.5 的初结果树坐果管理与成年树不同。结果枝和结果枝不重叠的初结果树，盛花 1 个月后，如果是玫瑰露最好每 2 米长新梢留 2~3 穗，如果是先锋、巨峰、阳光玫瑰等大穗系最好每 2 米长新梢留 1 穗。

此时新梢的长度也可以是几根之和。4 根 50 厘米的新梢和 1 根 2 米的新梢，留下的是相同数量的果穗。

但盛花后即使长到 4 米，留穗量也不是 2 米长枝的 2 倍。因为盛花 1 个月后还在继续生长的枝条上的叶片，对果实生产没有什么帮助。

◎ 最终定穗在果粒软化期前进行

达到适宜产量的最终疏穗时期是在果粒软化期前。葡萄的果粒在开花后迅速膨大，这就是果粒膨大Ⅰ期。然后，果粒膨大Ⅱ期的果粒软化期膨大开始停滞，从着色开始到果粒膨大Ⅲ期又急剧膨大。这就是葡萄果粒膨大的模式（图 8-14）。

从果粒膨大的角度来看，果粒对养分的要求在果粒膨大Ⅰ期和Ⅲ期是一样的。但是，如果将果粒干燥后测量干物质量，就会发现果粒在果粒膨大Ⅲ期急剧变重了。因此，最晚也要在果粒软化期之前完成最终疏穗。在适当的树相下，开花后 1 个月左右新梢的生长几乎停止，在这个时间点确定最终坐果量比较好。

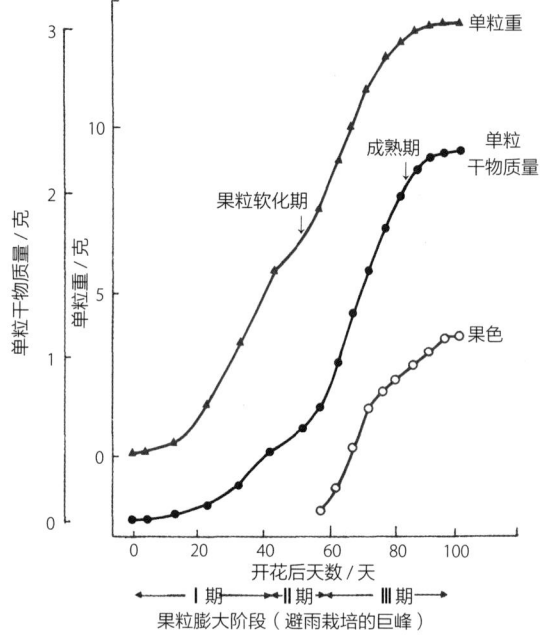

图 8-14 果粒膨大模式
巨峰的果粒在盛花后 20 天左右开始急速膨大，然后在 40~50 天停止，果粒软化开始后再次非常快地增大增重

即使选择了适宜坐果量，有时果粒膨大也许会比预想的要大，或者光照变少，导致坐果偏多。因此，在果粒软化期再次进行确认，如果认为果粒偏多，最好再次疏穗。

8 趁早粗疏穗，留穗不用在意枝条

◎ 以 1 天完成 1000 米^2 的速度疏穗

疏穗越早，留下的果粒膨大得越好，所以坐果后要尽快疏穗。此时按照每 1000 米^2 计划留穗数的 1.2 倍左右的留穗标准，迅速地疏穗。这个疏穗并不是最终的疏穗，所以要以 1 天 1 个人完成 1000 米^2 的速度一口气做完。

疏穗的方法是保留适宜坐果密度的果穗，将落花的、坐果倾斜于一边的或过于紧密的果穗疏除。

◎ 即使坐果不均匀也要留下好果穗

叶片产生的养分可以输送到任何地方，所以不管枝条的长短或粗细，只要能留下好的果穗就可以了。叶面积指数越高，不结果的"赚钱枝"就越多，所以如果好果穗分布不均匀、周边结果不良的果穗多也没有关系，留下好果穗就行了（图 8-15）。

试验发现，当长有 10 根左右新梢的 2 根侧枝相邻时，对一根侧枝全部疏穗，另一根侧枝结 2 根侧枝的果穗量，都能正常成熟。即使坐果不好的时候果穗的分布出现偏差，也可在坐果好的侧枝上留更多的好果穗。

图 8-15 分布不均匀（偏向一边）的好果穗

9 疏粒的方法

在日本，销售形状又大又漂亮的果实是理所当然的，所以要用人工授粉或昆虫授粉，对葡萄采用氯吡脲处理、摘心等方法来确保坐果。而葡萄坐果多不仅要疏穗，还要疏粒，疏穗和疏粒都要花费人工。

◎ 无籽大粒葡萄的疏粒方法

赤霉素处理时期过早，果梗不仅会变形，而且会变硬。虽说盛花后赤霉素处理的果梗会变软，但与没有处理的果梗相比还是更硬。

赤霉素处理过的大粒品种，因为果粒容易从果梗上脱离，所以要使果穗紧凑，表面看不到空隙。以上部二次花穗到花穗末端的长度为轴长，具体疏粒量依轴长和果粒的数量、大小而定。

在巨峰和先锋的无籽果穗中，如果在轴长9~11厘米的穗中留下30~50粒，穗重为300~400克。先锋也一样，果粒越大，果穗就越大，穗重400~500克。以600克的穗重为目标的阳光玫瑰，一般轴长7~8厘米、果粒数为40~45粒（图8-16）。

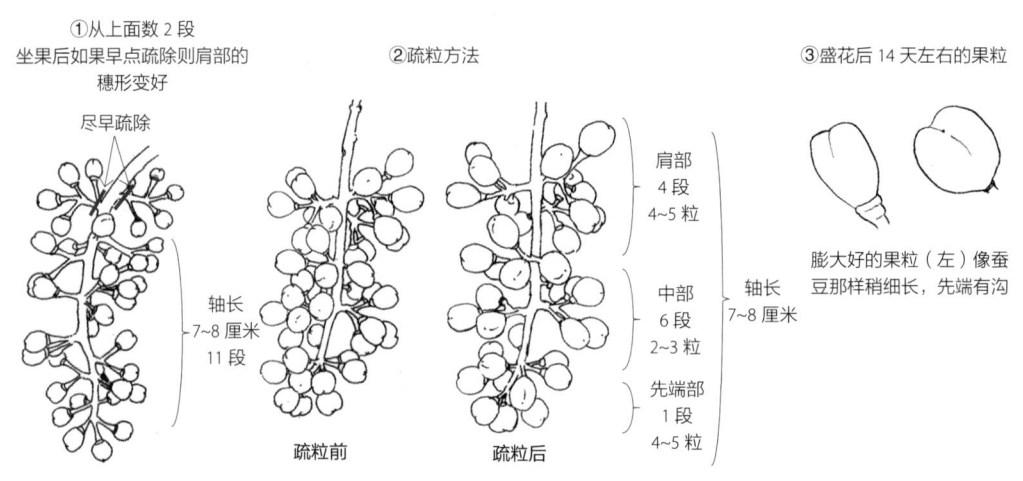

图8-16 阳光玫瑰的果穗整理与疏粒方法（安田 供图）

其他品种的果粒大小各不相同，为了达到目标大小的果穗，需要根据轴长和果粒的数量进行各种尝试，找到合适的标准。

可以从疏粒剪顶端开始做8厘米、10厘米、12厘米的标记。然后，将目标果穗大小所需的轴长，对准果穗前端用剪刀做的标记，将多余的二次花穗去掉。也就是说，过多的二次花穗要适当剪掉，然后再疏粒（图8-17）。

◎ 玫瑰露的疏粒方法

很长一段时间以来，人们都认为玫瑰露最好果粒饱满、排列紧密。但是，在此之前已经提到过,因为果穗稍微松散一点的比较容易取粒食用,从而很受欢迎。所以,我们开始提前进行赤霉素处理,生产松散一点的果穗。

如果因为赤霉素处理延迟而产生了密穗,就必须疏粒。要使坐果密度适中,以每厘米轴长9粒左右为宜。

在熟练掌握之前,首先要数紧密相连的果粒数,测量果轴的长度。之后,以每厘米轴长9粒为标准,用剪刀疏粒。仔细观察,如果是紧密的果穗,就用疏粒剪从下往上疏粒,以便在果穗的纵向上形成沟槽。

一个槽不够时,就剪出2~3个槽,这样就能做成一个恰到好处的空隙。沟槽等果粒大了就能填整齐,形成一个好果穗。

疏粒在开花后2周或20天进行,越早疏粒效率越高。果粒小时用手指一粒一粒地摘除,效率很高(图8-18)。

图8-17 用做了标记的疏粒剪进行果粒数的判断

疏粒时,在疏粒剪上做测量长度的标记,通过轴长和果粒数来判断果粒的大小和坐果情况

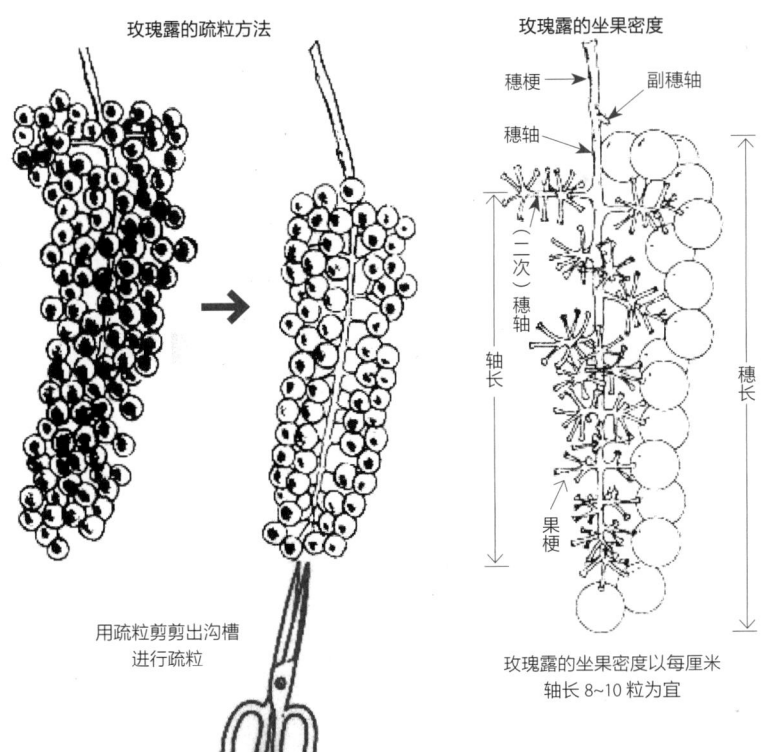

图8-18 玫瑰露的疏粒方法和坐果密度

◎ 有籽巨峰、先锋的疏粒方法

有籽巨峰的果梗较软，所以果穗比无籽品种稍微松散一点也没关系。单果重10~12克，如果生产300~400克的果穗，轴长为10厘米的果穗要留30~35粒（图8-19）。如果以每穗500克以上为目标，则轴长为12~13厘米，留40~45粒。

先锋等果粒更大的品种，即使轴长相同，留下的果粒也会减少。特别是4倍体的大粒品种，果粒的大小有很大的不同。因此，根据果粒的大小，确定1厘米轴长的果粒数，并在实践中尝试，这一点很重要。

4倍体品种容易结无籽的果粒，不要留无籽果粒，要注意只留下有籽的果粒。因为无籽的果粒小且成熟快，如果有籽和无籽的果粒混合在一起，着色不一致，就无法作为商品出售。

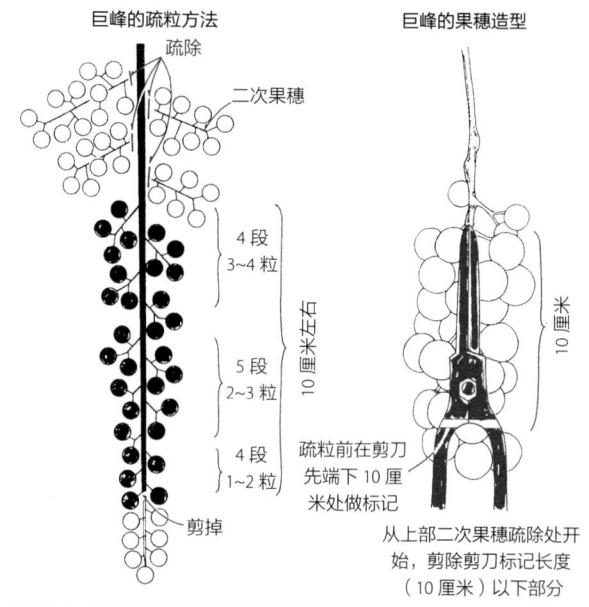

图8-19 巨峰的疏粒方法和果穗造型

10 促进着色的方法

无论是玫瑰露还是先锋，如果着色不好，商品价值就会下降。虽然控制坐果量有利于着色，但还有影响着色的其他因素。

◎ 着色期叶色越深越好

据说氮肥起效，着色会变差。而且，据说叶色越深，氮水平越高。但是，实际调查一下着色期的叶和果实着色的关系，发现一般叶色深的果实着色更好。

如果氮的作用过度，导致新梢长出来，或者停长一次后又重新长出来的时候，叶片的颜色会变浅。当然，这种情况下果实的着色也不好。

如上所述，为了使果实着色良好，氮必须起作用，但必须确保叶片的颜色深且新梢不再二次生长。

◎ 果实温度越低越好

散射光着色品种（玫瑰露、巨峰、先锋等大部分品种）的果实随着温度的升高，着色会变差。棚面太亮时，果实会受到强光照射。光照促进着色，但光照太强时果温上升会导致着色不良。不仅如此，还容易造成果实灼伤。另外，若在棚面很明亮的情况下套袋，袋内温度会上升，果实温度也会变高。因栽培类型和成熟期的不同，着色有时也会变差。

叶面积指数高时，光照不到果实，果实温度就低。但是，直射光着色品种（甲州、甲斐路、妮娜皇后等），果实温度低时即使光照有点不足，也能很好地着色。另外，像阳光玫瑰这样的白葡萄品种，因为绿色会留到很晚，所以即使没有套袋的果穗推迟采收，商品价值也不会下降。

◎ 环状剥皮促进着色和成熟

在水田转换田等肥沃土地上种植的巨峰初结果树，树势极强。因此果实的着色容易变差。这时最有效的方法就是环状剥皮。

叶片产生的糖（光合产物、干物质）还用于主枝、主干等的老枝和粗根的增粗和新根的生长。如果进行环状剥皮，糖分就不会从这里向下流动，可以更多地分配给果实。这样，果实着色变好，成熟期提早。即使成熟期相同，与不进行环状剥皮的树相比，每单位树冠面积结出 1.2~1.3 倍的果实没有问题。

环状剥皮在主干、主枝、临时枝等认为有必要的部位进行。如果树势太强，落花严重，可以在主干中间进行环状剥皮（图 8-20）。

图 8-20 环状剥皮促进果实早熟（巨峰）
右边是进行了环状剥皮的枝条

◎ 环状剥皮的时期是开花后 1 个月

如果环状剥皮的时期早于开花后 1 个月，由于叶面积还在增加，所以效果较差。但是如果晚于开花后 1 个月，则时间越晚效果越差。因此，环状剥皮的最佳时期是开花后

1个月。

对于环状剥皮的位置,永久树在主干的中间,间伐树在主干的上部,临时枝等粗枝在与老枝的分叉部(图8-21)。

环状剥皮的宽度,粗枝和采收后要剪掉的枝条宽2厘米左右,第2年还要使用的枝条和细枝宽1厘米左右。采收后剪掉的枝条要用刀背摩擦剥皮部位,以免留下形成层。采收后要留下的枝条在剥皮后立即用胶带保护起来,以利于尽快愈合。

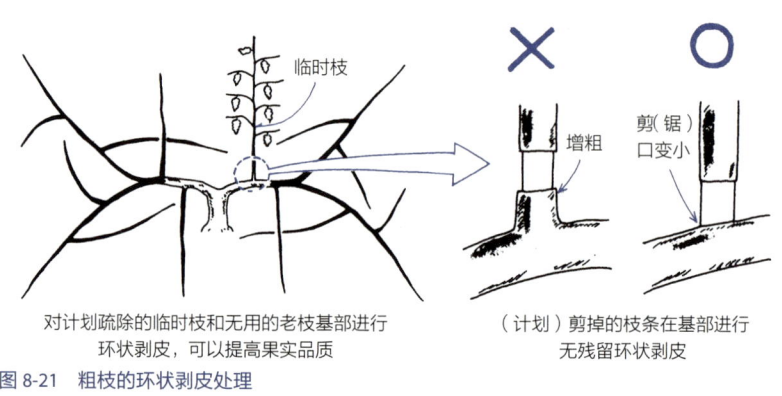

图8-21 粗枝的环状剥皮处理

11 如何防止大雨造成裂果

下大雨后,水自然会供给果粒。特别要需要注意的是,到了成熟期果皮会变得脆弱,如果突然降雨,容易发生裂果。

◎ 不让雨水进入园内

即使是大棚栽培,平坦地的连栋大棚里没有棚间导水管,或者采用的是部分覆盖栽培等,雨水都会从棚间进入园内。如果大量雨水从棚间进入大棚,要在大棚里挖沟,铺上塑料薄膜,将雨水排出园外。如果是屋脊形大棚或拱形连栋大棚,在棚间安装导水管就没有问题了。

另外,在大棚周围挖沟,切断雨水从周围进入园内的路径也很重要。

◎ 增强果皮韧性

还有一点很重要,就是要强化果皮韧性。

如果是玫瑰露、尼亚加拉等2倍体品种，培育成松散的果穗就可以了。如果从小的时候开始果粒就相互接触，接触部分的果皮会变得脆弱，从那里容易发生裂果。果粒从着色期开始接触正好。即使是大粒品种，如果接触过于紧密也会裂果。需要根据品种的不同和果穗的整理方法，努力找到适合自己葡萄园的坐果密度。

葡萄果皮随着成熟变脆弱，所以果粒膨大Ⅲ期膨大过快就容易裂果。特别是，如果这个时期氮作用过度，果皮就会变得更脆弱，更容易裂果。

建议在果粒膨大Ⅰ期促进膨大，在后半期稍控制果实膨大，可以增强果皮韧性。

12 防止连阴雨后的高温干旱引起褐变

迅速膨大的果粒，果粒膨大Ⅰ期的中期开始至Ⅱ期之前，很容易出现褐变，症状刚开始为果粒凹陷，之后凹陷处变成褐色，严重时整个果粒变成褐色而枯死（图8-22）。因为必须除去褐变的果粒，所以造成果穗上有孔隙。如果只有1~2粒而且周围的果粒膨大顺利则看不出来。但是，如果褐变大量出现，果穗就会出现很大的缝隙，商品价值就会大幅下降。

褐变最容易出现的是梅雨期等连续阴雨后突然放晴、气温升高时。如果雨天持续时间过长，葡萄就会打开气孔放出体内的水分。在这种状态下，如果天气突然放晴且高温，叶片的蒸腾量就会急剧增加。这样一来，由于根部吸

图8-22　阳光玫瑰的褐变症状

收的水量赶不上蒸腾量，叶片会暂时从果粒中夺水，造成果粒水分不足，细胞死亡，这就是褐变的原因。

褐变只会出现在果粒膨大Ⅰ期至Ⅱ期之前，这时果粒膨大快，果粒的干物质含量（糖度）最低，在水的争夺中输给了叶片。在这之前和之后的时期，果粒的干物质含量高，在对水的争夺中不会输给叶片，所以不会出现褐变。

有没有防止褐变的方法呢？完全防止是很困难的，但可以考虑减轻症状的方法。天气预报连续下雨后的第2天天气晴朗时，一大早就充分灌水。另外，在大棚栽培中，为了避免室内温度过高，可以打开边膜，但是要慢慢地打开，不要一下子都打开。

13 夏季修剪是常识

◎ 枝条过度生长是营养浪费

有人认为在生长期剪掉新梢，伤害树体是不好的。露地栽培应该在 6 月下旬左右修剪，但如果大部分的新梢在 1.2 米左右停长，就没有必要剪掉。如果是短梢修剪，最理想的是长到旁边主枝的位置时停长。

不过，新梢伸长得越晚，养分就被消耗在新梢生长上而无法运向果实，果实的产量和品质就越低。因此，在确保有必要的叶面积后，最好使新梢停长，如果没有停长，就必须通过夏季修剪阻止新梢生长。

◎ 叶数在 20 片以上的新梢短截

对于开花后 1 个月仍在生长的新梢全部摘心，不让其生长。如果棚面叶面积指数超过 4，就要果断地短截新梢。新梢叶数达到 20 片，长 2 米以上的部分是不需要的，不论长梢修剪还是短梢修剪，新梢长 2 米以上的部分都可以剪掉。

修剪时，如果把剪下来的新梢先端直接拽下来，可能会把树上留下的枝条上的宝贵叶片拽掉，果实也可能受伤。要把短截后的枝条剪短，然后小心地取下来，如果工作忙就放在那里，过一段时间它们枯萎后会自然脱落。如果短截强新梢，副梢就会生长，棚面反而会变暗。此时，即使嫌麻烦也要对副梢留 1 片叶摘心。出现这种强新梢是因为冬季修剪过重，所以下次修剪一定要稍轻一些，这是非常重要的。

14 是否套袋与套袋时机的判断

◎ 有必要套袋吗

在露地栽培中，果实多套袋。优点是农药不会打到果实上，而且有利于病虫害防治。特别是防治茶小卷叶蛾、茶黄蓟马、螨类前最好套袋。这样，即使在果粒长大后发生这些虫害，防治时也不用担心污染果实。

近年来，开发出了果实污染不明显的优质农药，只要遵守使用标准进行防治，套袋的必要性很低。但是，从食品的安全性来看，套袋的价值还是很高的。

大棚栽培中，由于覆盖和套袋有同样的效果，所以一般不需要套袋。作为替代套袋的措施，大棚的天窗和侧翼等处必须安装防止虫害和鸟害的防护网。

◎ 套袋要尽早

因为葡萄是不削皮的，所以即使遵守农药安全标准，也有很多消费者不喜欢使用农药的葡萄。如果套袋，果实上就不会喷洒到农药，以此为卖点的农户也很多。为此，有必要尽早套袋。

如果是坐果密度适中的玫瑰露等品种，可以在疏穗后套袋。需要疏粒的果穗，最好在疏粒后确定果量的阶段进行套袋。先锋和阳光玫瑰等大粒系的葡萄，由于疏粒期长，套袋往往会变晚。这样的品种，在疏粒结束时套袋就好了。

大棚和避雨栽培不需要套袋，直接喷洒农药。但是，和露地栽培相比，喷洒农药的次数和量都比较少。无论如何，必须严格遵守农药安全标准。

◎ 小心蓟马和卷叶蛾

套袋最重要的目的是预防病虫害。但是，如果做得不好，反而会造成很多虫害，所以需要注意。

大棚里常见的是蓟马和卷叶蛾。发生这些虫害时如果套了果袋，就会因为包在袋子里而不能防治。

因此，如果要套袋，在套袋之前一定要进行必要的防治。另外，由于果袋是塑料制的或涂有蜡，非常光滑，从口袋里取出或开口很麻烦。这时，把果袋的封口泡在水里浸湿一夜之后再使用会比较方便。

15 用防鸟网最可靠

好不容易等到葡萄采收了，正高兴的时候，被大群乌鸦祸害了，最近的鸟害很明显。防止鸟害的方法有很多，但没有比防鸟网更好的了。如果是大棚栽培，最好使用防

风用的孔径为 4 毫米的编织网。

如果是露地栽培，建议使用双层网架。如果将孔径为 3 毫米左右的网挂在双层网架上，不仅可以防鸟，还可以防止椿象、蜂类、葡萄透翅蛾等害虫和小型动物的危害。另外还可以防风。

16 采收适期的判断方法

◎ 只靠着色判断采收适期是危险的

好不容易精心栽培出来的葡萄，如果不好吃，也卖不出好价钱。要想获得好收入，就要从满足消费者需求的角度判断采收适期。

葡萄的口感由糖和酸的比值决定，糖度越高，酸度越低，葡萄就越好吃。玫瑰露和先锋等有色品种，着色越深糖度就越高，因此通常根据着色来判断采收适期。但是，着色和糖度的关系因生长状态和年份的不同而有差异，所以要事先用糖度计测量出糖度与着色的关系后再采收。

包括不着色的品种在内，糖度可以用糖度计简单测量，但酸度的测定比较复杂，所以还是实际品尝一下，用口感来判断比较可靠（图 8-23）。

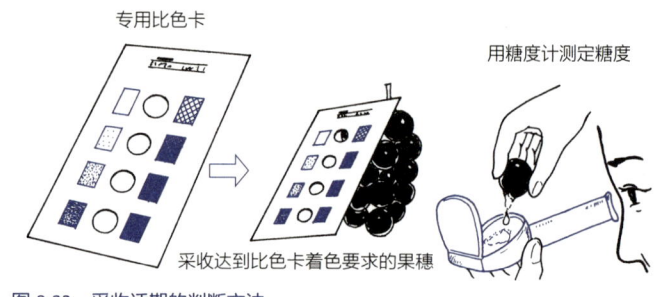

图 8-23 采收适期的判断方法

◎ 早晨采收的葡萄贮藏性好

用肉眼观察，果粒每天都在顺利地膨大。但实际上，太阳升起后果粒就开始收缩，中午几乎不膨大。而且，天一阴，它又会开始膨大，变得比前一天更大。如此反复，果粒不断变大。

所以，如果白天采收，果实会处于半蔫的状态，缺乏新鲜度，难以保存。而且，果实温度高也缩短了存放时间。因此，最好在水分多、果实温度低的早晨采收。下午采收时间也要尽量推迟，并将采收的果实在外面的空气中暴露一夜，冷却后再上市。

◎ 按大小采收便于整理

与其他果树相比，葡萄在采收整理和打包上更费时间。为了尽量缩短这段时间，需要下点功夫。

如果套袋了，就没有办法了，但是像大棚栽培那样可以直接看到果实的情况下，可以准备多个采收箱，按大小采收。然后，在进行果穗整理时，再将其分为不同的等级。如果到了装箱阶段再分等级，会既费事又易掉果粉。

◎ 从好的果穗开始采收

采收速度取决于经营规模和人手的多少。但在需要一次采收很多时，优先采收好的果穗。如果因为怕浪费而把坏果穗和好果穗一起采收，选果就得花很长时间，甚至到深夜才能选到好果穗。这样一来，好果穗也会受损，卖不出好价钱。对不好的果穗，在空闲时再考虑如何销售并包装，这才是高明的做法。

◎ 站在消费者的角度思考

在经济高速增长时期，许多人从乡村到都市就业，都市人口急速增加，转变为大量生产、大量消费的经济模式。因此，农产品的销售由日本农协在大型市场拍卖，再由批发业者配送到街上的水果店和超市，消费者在那里购买。

这种流通形态虽然符合当时的时代，但却将生产者和消费者割裂开来了。

现在情况发生了变化，通过快递等运输方式，农户和买家可以直接进行交易。这才是真正的生产者和消费者的关系。而如何让消费者品尝到美味的葡萄呢？在采收、选果、包装葡萄的过程中，要从消费者的角度进行思考。

17 销售消费者喜欢的葡萄提高信用

◎ 比起提早上市与注重外观，味道更重要

葡萄如果提前上市，就会因其稀少而更容易高价销售。现在也基本是这样的，但因为进口自由化，进口葡萄一年四季都有上市。可以说，提早上市的好处大大减少了。

而且，随着水果专卖店的减少，在超市等地就能轻松地买到葡萄。因此，消费者开始根据自己的口味选择果品，送礼时也从重视外观转向更重视味道。

因此，不好吃的葡萄即使便宜也很难卖。而且，提早销售不一定有利。不要急于上市，应该采收糖度高、酸度低、充分成熟的果实。从长远来看，这有助于提高农户和产地的信用。

◎ 信用一旦丢掉了就很难恢复

以前走访市场时，我看到了一箱我所在县出产的精品葡萄。第一层果穗还算不错，但是下层的果粒很小，而且是落粒的等外品。我无言以对，感到非常羞愧。

当然，现在已经没有这样的事情了，这样做是无法得到市场的信任的，更别说消费者了。只有让消费者满意，才能开出令人满意的价格。即使一时欺骗市场和消费者赚到了钱，但信用一旦下降就很难恢复，会影响整个产地的声誉，还会给他人带来很大的麻烦。

即使是自己销售也是一样的。为了让顾客成为回头客，果实的外观固然重要，但绝对不能牺牲味道。我认为好吃才是消费者最喜欢的要素。

◎ 礼品葡萄不仅要有味道，还要有外观

不管是自己销售还是共同销售，基本精神都是一样的，重要的是设身处地为购买者着想。例如，需要在包装盒上下功夫。送礼用的盒子和自己消费用的盒子当然不一样。包装盒的大小样式有很多种，建议使用合适的包装盒。如果是送礼用的，要做成谁看了都会喜欢的盒子。在路边卖的时候，卖1穗的包装也很有趣。考虑到司机可以用葡萄代替果汁，我认为用可以兼作垃圾袋的塑料袋装也是一个方案。

自产自销最重要的是只卖好吃的葡萄。如果好吃，即使因为外观不好看而受到差评，也一定会得到理解。但是，送礼用的就不限于此。外观、保鲜期等都要求达到最好。如果没有合适的果穗，就不应该用作礼品。

说到底，葡萄销售信用第一。让买过一次的人还想再买，这才是与客户长期交往的诀窍。

第9章
贮藏养分积累期的管理

日本有句谚语叫"明年种好葡萄"。也可以理解为挽回失败的劝诫之语。可以说，第 2 年葡萄收成的 20%~30% 取决于采收后的管理。不要认为采收结束就可以喘口气，必要的管理要尽早进行。

1 采收后也要重视叶片管理

◎ 采收后的叶片对于养分贮藏不可或缺

采收后的管理往往容易被忽视。而采收后的管理是实现第 2 年丰产的基础，所以要认真对待。

生长初期的葡萄树，使用前一年采收后贮藏在老枝和根中的养分生长。在采收之前，大部分养分都会输送到果实中，所以贮藏养分主要在采收后贮藏。贮藏养分大部分是光合产物，以淀粉的形式贮藏在枝条和根部（图 9-1）。因此，采收后维持较多的健

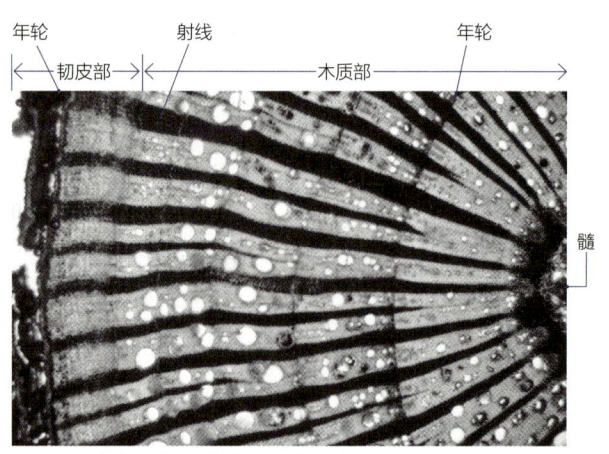

图 9-1　6 年生玫瑰露侧枝的贮藏养分
侧枝横切呈薄片状，浸泡在碘 - 碘化钾溶液中后拍摄的显微图片。染黑的部分是淀粉（用于第 2 年的初期生长），白色的圆孔是导管

全叶片十分重要。

另外，为了吸收肥料，根必须生长，而吸收肥料需要能量。这些都要利用光合作用产生的干物质，所以要十分重视叶片。

◎ 礼肥在采收过程中施用

果实在采收之前会持续吸收肥料养分。另外，随着葡萄采收期的临近，新梢的成熟也在进行。

未成熟的茎中含有70%的水分，但成熟后会减少到50%左右。也就是说，成熟的茎很充实，这时氮从叶片向茎移动。因此，一到采收期结束，叶片就容易褪色。

礼肥在叶片褪去绿色后再施就比较晚了，所以要在采收过程中施用。采收过程中要注意叶片的颜色，只要有一点褪色就施礼肥。一般每1000米^{2}施氮量为2~4千克，叶色越深施氮量越少，叶色越浅施氮量越多。

◎ 落叶前氮从叶片转移到枝条中

在采收后的管理中，必须保持叶片健康。下面我们来详细了解为什么。

成熟期叶片的氮浓度为2%左右，之后逐渐下降，减少到1%左右后落叶。这是因为氮从叶片转移到枝条（结果母枝）。如果叶面积指数是4，叶片干重是300千克左右。1%就是3千克，那么多的氮最终会转移到结果母枝上，所以不能小看（图9-2）。由此可见，我们应该珍惜叶片。

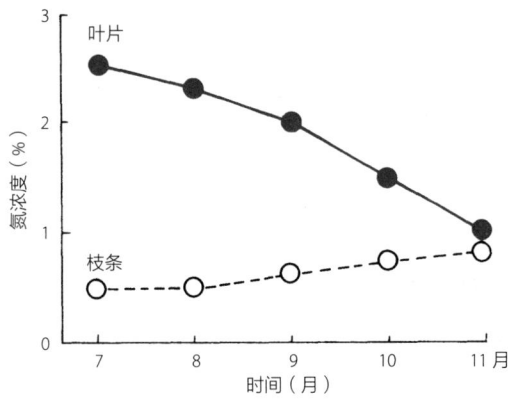

图9-2　叶片与枝条的氮浓度变化
随着落叶期的临近，叶片的氮浓度降低，枝条的氮浓度升高

最差的情况是被病虫害侵袭而落叶。因为氮没有转移到结果母枝而是脱落了。从这个意义上来说，采收后的病虫害防治是很重要的。

但是，即使到了落叶期，叶片的绿色也很深，没有黄化，而是因寒冷而落叶，说明氮的作用过量了。因此，对于叶色较深且有出现这种迹象的树，应尽量少施礼肥。

◎ 对强势树和二次生长树停止施用礼肥

新梢的伸长在 6 月下旬自然停止，但如果不能自然停止，则应通过摘心、扭枝、夏季修剪等方式让其停长。之后，叶片一边进行光合作用一边老化，茎积蓄贮藏养分变得充实，成为结果母枝。

但是，一旦停长的新梢再次生长（二次生长），第 2 年萌芽就会变差（图 9-3）。容易二次生长的是由于加温栽培使采收提前结束的葡萄园，或者是采收结束早的极早熟品种、严重断根的树等。这样的葡萄园和葡萄树当然不能施用礼肥。

另外，即使没有二次生长，新梢生长至 4~5 米，叶色较深的葡萄园也不需要施礼肥。

图 9-3 二次生长枝的萌芽与萌芽后状态
二次生长枝的一次生长部分萌芽不良

◎ 采收后全园充分喷洒波尔多液

如果是露地栽培，就应该在采收后立即喷洒大量波尔多液；如果是温室大棚，就应该在去除覆盖物后立即喷洒，否则就会造成霜霉病和锈病等多发。所以，为了维持叶片健全，这一步骤是必不可少的。

波尔多液是一种保护剂,只能防止病原菌的侵入,所以必须让药剂充分覆盖叶片的正反面才有效果。因此,如果想一次就防治充分,每 1000 米² 就要喷洒 600 升以上。

另外,8 月下旬~9 月上旬的虎天牛防治也必须做好。

2 新梢(结果母枝)只要 3~5 个芽充实就足够了

新梢(结果母枝)的干物质率(除去水分部分的比例)在采收后逐渐提高,落叶期提高到 50% 左右,萌芽前和结果母枝一样变成茶褐色。但是,没有成熟的绿色新梢,干物质率稍低,只有 30%,冬季就会枯萎。

葡萄的挂果量越少,新梢就生长越好(粗而长);产量越高则新梢生长越差。但是,对于葡萄树来说,并不是说新梢越成熟越好。修剪后,保留的结果母枝只要有 5 个充实芽就足够了,所以即使新梢成熟不好或短,只要成熟到有 3~5 个充实的芽就可以作为结果母枝使用。

不过,初结果树扩大树冠的时候,以及主枝和亚主枝先端的新梢,必须成熟。

3 根据树龄间伐和缩伐

◎ 冬季修剪时间伐已经晚了

有人到了冬季修剪时才间伐,但间伐本来应该在采收之后马上进行,这样间伐后留下的叶片光照充足,有利于贮藏养分,结果母枝也很充实。

采收结束后巡视葡萄园,观察棚面枝条的拥挤程度和新梢的长度等,判断是否要间伐或缩伐。以密植方式建园的之所以失败案例很多,就是因为本该间伐却不舍得。这无异于生产柴火枝。

◎ 在初结果树园一定要果断间伐

初结果树园的栽培水平能否提高,关键在于能否果断地间伐(图9-4)。

间伐时棚面上会出现大洞,但初结果树的新梢平均长2~3米,所以即使出现直径数米的洞,新梢也会从四面八方延伸过去,1年就会填上。

在初结果期,棚面上有空隙也容易填补。棚面空着产量会稍少一点,但品质会变好。

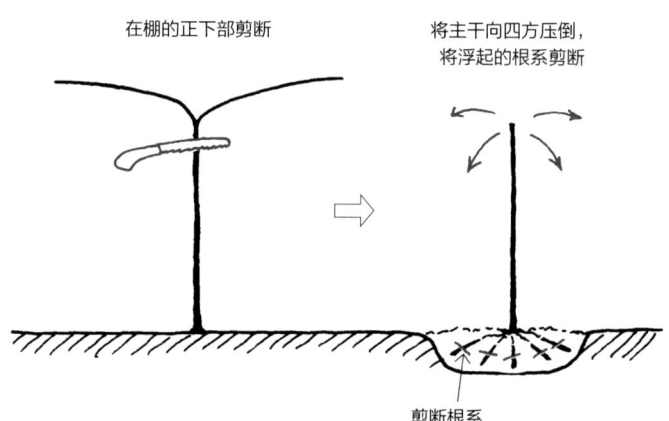

图9-4 间伐的方法
如果在采收后立即进行间伐,由于光照充足,留下的树的贮藏养分会变多、枝条充实

第 10 章
病虫害的有效防治

日本不仅雨多风强,而且与葡萄的适地相比,光照和适温时间短,不利条件相当多,病虫害也多。随着在世界范围内人员的往来变得频繁,以前在日本不常见的病虫害也有增加的倾向。这些都要注意及时做好防治。

1 早发现和切实防治的诀窍

◎ 发现病虫害的技巧

即使并肩走在葡萄园里,生产技能较高的人往往能看到病虫害的发生,而生产技能较低的人却看不到。这就是技能水平的差别。

例如,一旦发生了霜霉病,即使在葡萄园的远处也能发现。因为叶片失去了生气,变得有点呈褐色。

另外,如果出现螨虫,叶片就会变黄。而且它们多生长在原叶上,多是在斑点中出现,一进葡萄园就能发现。蓟马很小,用肉眼很难分辨,但是沿着新梢和副梢嫩叶的叶脉可以看到锈状斑点,这是其危害果实的痕迹。在黑木板上用手指弹果穗和叶片,如果有蓟马,就会落在板上并移动(图10-1)。

即使是微小的害虫,利用放大镜也能看得很清楚。对用放大镜看不见的锈螨等,最好使用50~100倍的显微镜观察。有既便宜又好用的显微镜,如果想成为葡萄栽培高手,应该准备一台(图10-2)。

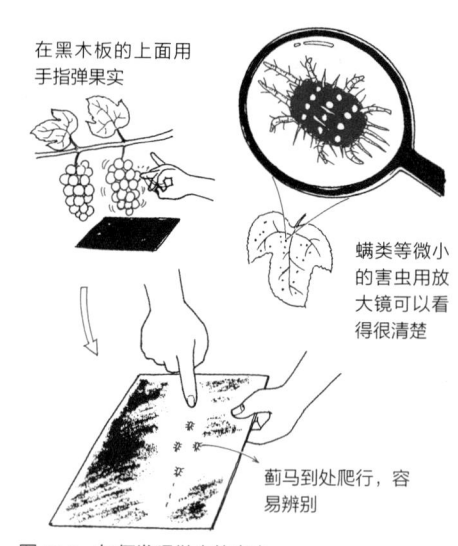

图10-1 如何发现微小的害虫

◎ 不要忘记确认防治效果

如果发现病虫害，应该尽快防治，但很多人不去确认农药是否有效。这样就不能很好地防治，所以喷洒农药之后一定要确认效果。

虫害防治见效快，所以在喷洒后的第 2 天确认效果；病害在几天后巡视葡萄园时确认效果。

图 10-2 性价比高的风速计（左）和显微镜（右）

2 葡萄上容易出现的病虫害

葡萄的主要病虫害特征与防治要点，见表 10-1。

表 10-1 葡萄的主要病虫害特征与防治要点

病虫害	特征与防治要点
霜霉病	在叶片、枝条、花穗、果实上发生的病害，严重时会使新梢腐烂（图 10-3）。侵染叶片后像下雪一样扩展成白茫茫一片。容易被误以为是白粉病，但其白色菌体浮在叶片背面，可以区分。一经发现，立即防治
黑痘病	在结果母枝、卷须等处越冬，随雨水扩散。症状为叶片、果实上都形成黑点。叶片萎缩，茎蔓停止生长，果实失去商品价值。在露地栽培中，修剪时不要留卷须。萌芽前的防治很重要
炭疽病	主要在果实上发生，果皮变为褐色，最后果粒腐烂。病原在果梗中越冬，采收时要从果梗基部剪下。如果采收时果穗基部有残留，冬季修剪时要从基部剪除。开花后越早套袋和避雨防治效果越好
灰霉病	多在展叶 5~6 片至开花期、组织幼嫩时期发生。形成不规则的病斑，不久就产生霉菌，导致侵染部分枯死。叶片易失绿，叶柄感染可导致落叶。花穗抗性弱，发病重时脱落。在露地栽培中，如果生长初期下雨时除草，草上的灰霉病病原传染给葡萄树，会导致葡萄灰霉病发生。因此，除草要在天气晴好时进行。生长初期容易发病，要提早防治
白粉病	多发生在果粒膨大期，叶片、果粒表面都像覆盖了一层面粉。果实上发生程度稍轻，但果面会残留锈状斑点，严重损害商品价值，所以果穗坐果后要尽早防治
茶黄蓟马	危害嫩叶、茎、果粒、果梗，危害后的痕迹会结痂，变成褐色或黑褐色。果实上发生多时果面会变脏，显著降低商品价值，所以在刚坐果时就要尽快防治
神泽氏叶螨	主要寄生在叶片背面吸取汁液。因此，虫口数量多时，叶片会变黄，严重时还会落叶。该虫世代短，发生次数多，所以要养成时常用放大镜和显微镜观察的习惯。发现被害叶后立即防治

（续）

病虫害	特征与防治要点
葡萄小叶蝉	成虫在庭院树木上越冬，待葡萄树生长后飞至葡萄园，寄生在叶片背面吸取汁液。危害较重时叶片变白，丧失光合作用能力，贮藏养分的能力也减弱。以叶背为重点进行防治
茶小卷叶蛾	几乎都是从外部飞入葡萄园为害，导致叶片缀合在一起，但最需要注意的是对果实的危害。该虫（幼虫）钻到花穗里危害果粒，所以加强观察，一发现就要抓紧防治。开花前的第1代发生期防治至关重要
葡萄透翅蛾、葡萄虎天牛	在枝条中越冬，修剪后如果该虫残留在树体中会成为害虫发生源（图10-4）。露地栽培时，葡萄透翅蛾在6月、葡萄虎天牛在10月一定要进行防治。由于这两种害虫的虫体都较大，如果是大棚栽培，用孔径为4毫米的编织网覆盖后就不用防治了

图10-3 霜霉病

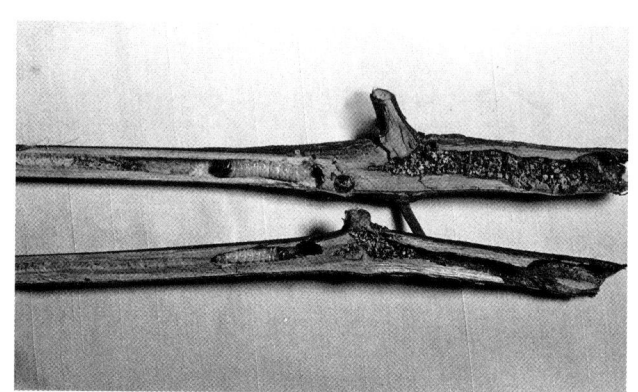

图10-4 葡萄透翅蛾幼虫和受损枝条

◎ 露地栽培容易出现的病虫害

（1）病害　在露地栽培中，霜霉病、黑痘病、炭疽病、褐斑病、锈病等有多发的倾向。这些病害在雨水多时容易出现。

因为下雨特别容易出现霜霉病，所以它是露地栽培的大敌，但美洲系品种很抗病。以欧洲系品种为主的酿酒葡萄品种要注意。

黑痘病在生长初期会在叶、茎、果实上形成黑点，所以很容易判断，但要注意休眠期的预防。

炭疽病是造成果实腐烂的病害，套袋的防治效果很好。褐斑病使用石硫合剂的防治效果较好。锈病在采收后容易出现，因此波尔多液的防治效果很好。

病害防治的关键在于预防，要参考往年的发生情况，及早预防。

（2）虫害　葡萄透翅蛾、葡萄虎天牛、茶小卷叶蛾、介壳虫、金龟子类、夜蛾类、蜂类等发生造成的损失较大。

葡萄透翅蛾发生在6月左右，葡萄虎天牛发生在10月左右，它们都危害新梢的茎部。修剪后仍有残留，如果主枝或亚主枝受到损害，新梢就不能伸展，树冠的扩大就会延迟，尤其是初结果树要特别注意。

◎ **大棚栽培容易出现的病虫害**

（1）**病害**　采用大棚栽培后，易因雨水发生的病害几乎都不会出现。但是如果部分覆盖栽培或为了换气而打开棚间的薄膜，就容易引发霜霉病。欧洲系品种大多是在温室大棚里培育的，所以要特别注意。

虽然不会出现黑痘病，但会出现炭疽病。另外，如果雨水进入大棚，梅雨期大棚内的湿度会变高，容易发生灰霉病。

天气干燥时，容易发生白粉病。如果发生在果实上，就会变成锈果，商品价值下降。

（2）**虫害**　在大棚里，如果在窗户、侧面或者棚间换气的地方铺设孔径为4毫米的网，可以同时防止葡萄透翅蛾、葡萄虎天牛、卷叶蛾、金龟子类、夜蛾类、蜂类、鸟类等进入。

因此，如果害虫不在大棚内越冬和产卵，就没有防治的必要，从安全性的角度考虑，一定要利用防虫网进行防治。但防虫网无法阻挡螨虫和蓟马等微小害虫。这些害虫易因刮风下雨等死亡，在露地栽培中不会有太大问题，但是在能防风防雨的大棚里就会成为重要的害虫。

锈螨这种放大镜也看不见的微小害虫在露地栽培中看不到，但在大棚栽培中会带来很大的危害，所以要全力防治。

3 高明的农药选择与使用方法

◎ **大棚中常见的灰霉病耐药菌——注意轮换使用农药**

现在有一个问题是发现了葡萄灰霉病耐药菌。大棚栽培湿度大，易出现灰霉病，喷洒农药的次数较多。因此，耐药菌的发生概率似乎在大棚中更大。

灰霉病防治不要连用同一类型的农药，要注意轮换使用不同作用机理的农药（表10-2）。

表10-2 对灰霉病有效的农药（安田）

类型	农药名	英文名	备注
氨基甲酸酯类	吡菌苯威水分散剂	Pyribencarb	预防＋阻止病斑扩展
酰胺类	吡噻菌胺水分散剂	Penthiopyrad	治疗剂
三唑类	戊唑醇水分散剂	Tebuconazole	治疗剂
嘧啶胺类	嘧菌胺水分散剂	Mepanipyrim	治疗剂
苯胺嘧啶·吡咯类	嘧菌环胺·咯菌腈水分散剂	Cyprodinil·Fludioxonil	预防＋治疗剂（2剂复配不易产生耐药性菌）

◎ 别忘了在叶片正面喷洒农药

渗透到作物中杀死病虫害的渗透性农药，由于对人体有害，限制越来越严格，所以一般使用非渗透性农药。

用于葡萄的农药是从棚下喷洒的，容易喷到叶片背面，但很难喷到叶片正面。因此，使用非渗透性的农药防治效果较差，要时常向棚面上方喷洒，让叶片正面也能喷上农药。

◎ 展着剂的使用方法

最近的农药喷洒已经不使用展着剂了，这在一般情况下是可行的，但是根据品种的不同，用展着剂对于微小害虫进行防治是必要的。

因为很多品种的叶片背面有茸毛，很多微小害虫在茸毛下生存，如果不使用展着剂，农药就不会渗透到茸毛下，就不会接触到害虫。而且，如果不使用展着剂，就会在茸毛处留下气泡，害虫可以通过气泡呼吸，从而得以生存。所以在防治锈螨和蓟马时要使用展着剂。

◎ 溶解方法因剂型而异

农药有可湿性粉剂、乳剂、悬浮剂等很多剂型。

乳剂直接倒进水里混合就可以了。但有的可湿性粉剂是小块状的，很难溶化。最好事先用少量水充分搅拌后溶解。

悬浮剂能迅速溶于水，只要撒在水的表面就能溶解。如上所述，由于剂型不同，在水中溶解农药时一定要仔细阅读说明书,以免出错。

◎ **悬浮剂造成的果面污垢不明显**

为了食品安全,农药有规定的使用标准。因为很多葡萄食用时不剥皮,所以要求更加更严格。但是,即使符合标准,如果果粒表面残留有农药的痕迹,商品价值也会显著下降。

最好的办法是套袋,但对像玫瑰露那样果穗数量多的品种,套袋在劳动力和经济上都是不利的。

如果不套袋,等果粒长大后再喷洒农药,最好使用悬浮剂。悬浮剂粒子小,因此造成的果面污垢不明显。

◎ **容易失败的混用和稀释倍数的判断**

农药如果不起作用就没有意义,如果产生药害就会适得其反。在日本,农药是在单独使用的前提下登记的,所以可以认为如果单独使用,就不用担心药害。

但是,为了同时预防病害和虫害,经常会将 2 种农药混合喷洒。2 种还好,还有 3 种混用的情况。由于混合的农药越多,产生药害的可能性越高,所以在充分确认是否适合混用后再使用。

另外,如果不小心弄错稀释倍数,就会造成严重的药害。可以制作稀释倍数表挂在墙上,防止出错。

◎ **活用石硫合剂和波尔多液**

(1)石硫剂和波尔多液的优点 有些农药等得病后再打也管用,但会被雨水冲走。与此相比,石硫合剂和波尔多液附着力强,不容易被冲走。因此,如果细心地喷洒,就能持续保持作用,可以减少喷洒的次数。

如果是露地栽培的玫瑰露,在套袋后喷洒波尔多液,每 1000 米^2 喷洒 400 升左右,在采收期之前都不需要再预防病害。

据说石硫合剂对褐斑病和锈螨等有效果,但尚未证实。

(2)研究品种和使用时期后再使用 以前,波尔多液多是用硫酸铜和生石灰自制的,但现在 IC 波尔多液等商品成为主流,只要溶解就可以直接使用。

根据品种和使用时期的不同,波尔多液的浓度、硫酸铜与生石灰的混合比例也不同，所以必须仔细调查后再使用。

一般来说，美洲系品种不耐铜，欧洲系品种不耐石灰。另外，在生长初期，如果波尔多液的浓度过高，就有可能产生药害，在使用时要仔细研究品种和使用时期。

4 兽害对策

如果在大棚周围围上 50 厘米高的薄膜，野猪就很难侵入。可能是因为蚯蚓等较多，野猪容易跑到有机物较多的地方。不过，野猪只是挖土，不会破坏葡萄果实，所以不用那么在意。

有问题的是狸猫和貂等，它们会爬上葡萄树吃果实，这让人头疼。最好在葡萄园的周围设置电围栏。

第11章

设施栽培

为什么要进行大棚栽培？当然是因为它的生产力很高。

1 大棚栽培的优点

◎ 历史悠久的葡萄大棚栽培

1886年，日本冈山县冈山市的山内善男先生用玻璃温室成功培育了亚历山大麝香葡萄，这是日本葡萄大棚栽培的开端。据说，只交易了1袋（60千克）。

亚历山大麝香葡萄是欧洲葡萄的代表性品种，为了在日本创造原产地的高温、干燥条件，只能依靠玻璃温室（图11-1）。100多年前做出这样的决断，真是令人惊讶。

在科学和经济飞速发展的今天，大棚栽培并不稀奇，应好好考虑并利用其优点。

图11-1 冈山市富吉农园的亚历山大麝香葡萄玻璃温室

◎ 避雨防风的稳定栽培

（1）防止因降雨引起病害与裂果　现在，日本的葡萄有一半以上有欧洲系品种的血统，特性接近欧洲系品种，在雨中容易患病害，也容易发生裂果。

如果避雨栽培，这些损失会急剧减少，产量的波动小，也更容易提高。因此，在降雨量多的地方建议使用大棚避雨栽培。

（2）完全防风的稳定生产——风会阻碍光合作用　还有一点很重要，那就是大棚是完全的防风设施。风灾是指季风和台风造成的强风灾害。但是，风速为3米/秒时会阻碍光合作用，这一点却鲜为人知。

风较弱时会将光合作用最重要的材料二氧化碳送入叶片背面的气孔，促进光合作用。但是，当风速超过 2 米 / 秒时，葡萄叶片为了防止干燥，开始关闭气孔。因此，叶片很难吸收二氧化碳，光合作用受到阻碍。

随着风速变快，光合作用减少，风速超过 3 米 / 秒时光合作用减少 70% 左右，如果达到 10 米 / 秒时光合作用几乎为零。

日本海一侧的葡萄产地几乎都是在沙丘上栽植葡萄的，也几乎 100% 都是大棚栽培。这些地方从初春到初夏吹强烈的季风，妨碍了葡萄的栽培，原来只栽植了面积极少的葡萄。

但是，随着可以完全防风的塑料大棚的建成，生产稳定下来，20 世纪 60 年代后，温室大棚迅速发展且被产地化。可以说大棚不仅是避雨而且是避风的设施（图 11-2）。

图 11-2　典型的避风大棚——岛根县出云市的葡萄大棚群

◎ 光照减少 20%~30%

（1）**薄膜的透光率在 90% 以上**　农用覆盖物包括聚乙烯薄膜、聚氯乙烯薄膜、PO 薄膜、ETFE 薄膜等。现在使用的大部分是 PO 薄膜。它们的透光率和玻璃差不多，都是 90% 左右。ETFE 薄膜很薄，透光率高达 97.8%，耐久性也比玻璃长，不易脏。

（2）**配件的遮光率在 20% 左右**　比透光率更重要的是，大棚中使用的管道、小配件及其他部件会遮光。由此产生的遮光率高达 20% 左右。也就是说，在大棚里生产的葡萄，光照比露地至少减少 30% 左右。

因此，如果仅以光照来判断，大棚栽培的光合作用生产力（干物质生产力）比露地栽培的低。但是，光合作用的生产力并不仅仅由光照决定。

◎ 光合作用时间和周期更长，生产效率更高

（1）适温可以延长光合作用时间　　光合速率随着温度的升高而增多，以葡萄为例，光合作用生产的最高温度为30℃左右，但如果二氧化碳浓度高，光合作用生产的最高温度就会提高到35℃。但是，如果过于高温，光合速率也会降低（图11-3）。

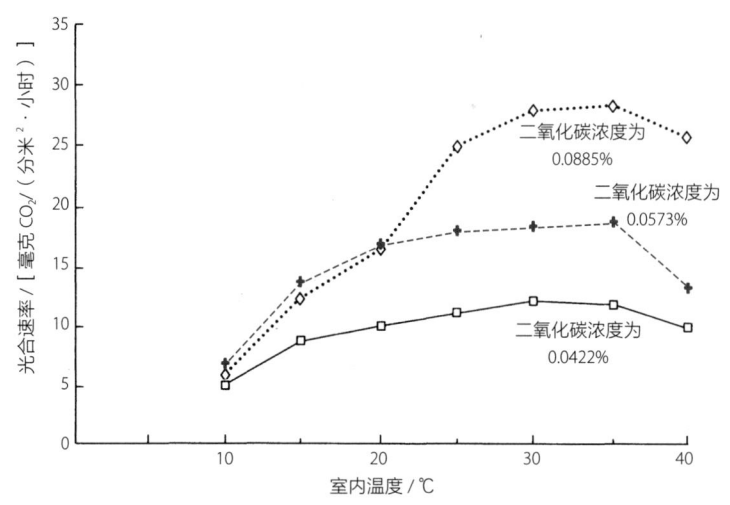

图11-3　温度、二氧化碳浓度和光合速率的关系（山本等，1989）

露地栽培不能改变温度，但是大棚栽培，特别是早晨和傍晚保温，光合作用适温的时间就会变长。另外，早春气温低的时期和秋季气温下降的时期，也可以通过保温来提高光合速率。

这样一来，大棚栽培的光合产物就多了起来，弥补了由于管道等材料造成的遮光和薄膜造成透光率低下的不利条件。

（2）增加对果实的干物质分配，可以增收　　因为不需要雨水，水分管理变得容易了。如果在灌溉水里混入肥料养分，就可以在灌水的同时施肥。也就是说，可以按栽培者的意愿调节葡萄树的生长。

因此，没有必要像以前那样对葡萄园进行全面的深耕，也可以通过限制根域阻止不需要的根生长。相应地，对根部的干物质分配变少，对果实的分配增加，容易增收。

2 大棚的构造与附属设备

◎ 屋脊形大棚

（1）**葡萄大棚采用屋脊形更好** 在大棚的屋脊材料只有玻璃的时代，屋脊形大棚是固定的。人居住的房屋也是屋脊形的最多，这是因为它结构简单，抗灾害能力强，用料少，易于维护（图11-4）。

第二次世界大战后开发的农用聚氯乙烯薄膜和农用聚乙烯薄膜都很柔软，用在平顶棚上会形成雨水袋，还容易被风吹破。因此，开发出了防止棚膜下垂的拱形大棚。

但是，现在的PO薄膜和ETFE薄膜抗伸展性很强，即使用在屋脊形大棚上也不会下垂。因此，考虑到上述优点，如果情况允许，葡萄大棚应该采用屋脊形。

图11-4 屋脊形大棚的积雪滑落

（2）**屋脊形大棚构造实例** 考虑到既要具有抗风抗雪的结构，又能降低成本，现介绍日本岛根县农业试验场设计的双屋脊形单栋大棚（图11-5、图11-6）。

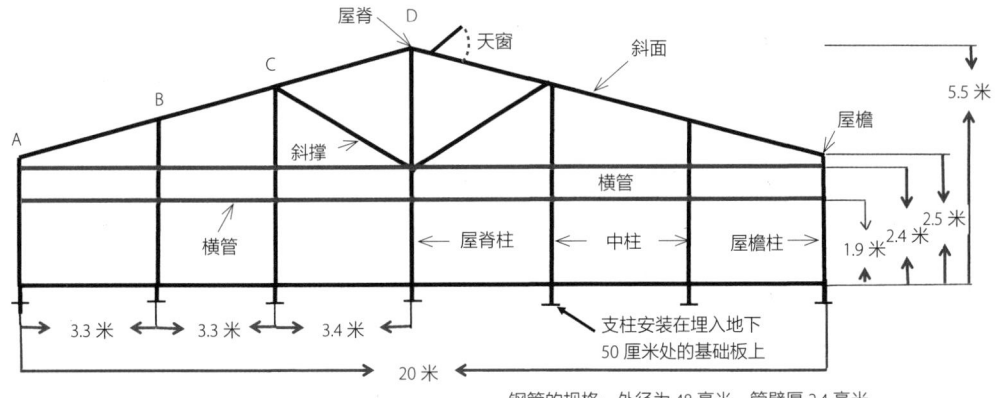

图11-5 双屋脊形单栋大棚正面图

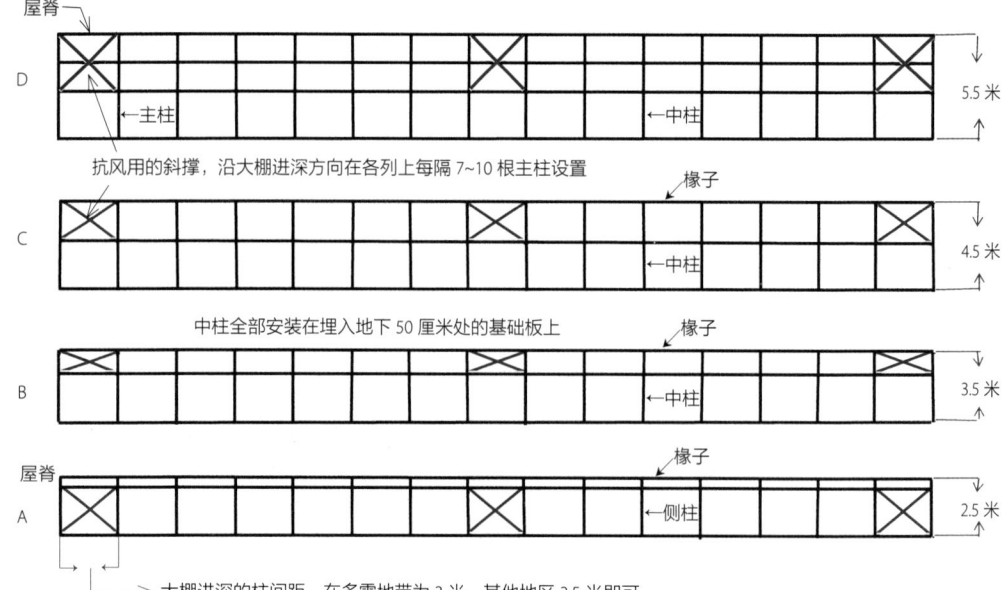

图 11-6 双屋脊形单栋大棚侧面图
A~D 为与图 11-5 的 A~D 对应的侧面图。省略了文中为防止积雪而放置在主柱中间的 38 毫米钢管

  构件中最昂贵的是管材，决定强度的支柱、斜面、纵管、横管、斜撑等都使用了量产的施工用脚手架管材。管材为镀锌钢管，外径为 48 毫米，管壁厚 2.4 毫米。大致的结构是脊高 5.5 米，檐高 2.5 米，正面如果用 6 米长的管材，则设置为宽 20 米，进深可以自由选择。

  另外，如果是积雪 50 厘米以下的地带，斜面处连接 2 根 6 米长的管材，距离约为 23 米，这样造价比较便宜。

  单檐侧放 2 根支柱。如果宽为 20 米，则间距为 3.33 米；宽 23 米，则间距为 3.83 米。从侧面看，有 7 根支柱。

  如果是多雪地带，进深的柱间距设定为 3 米，可以承受 1 米左右的积雪，但在两侧于主柱中间插入 38 毫米钢管是安全的（即间隔为 1.5 米。此柱不在图 11-6 中体现）。如果是不用担心下雪的地区，柱间距设定为 3.5 米即可。另外，大棚内温度降到 0℃以下时，雪不容易滑落，雪大时可以提高室温促进积雪滑落。

  以上只是一个实例，在设计纵横的柱间距时，最好考虑建设场所的最大风速、雨量、积雪等条件。

  （3）将棚线直接架设在周围管上　棚线直接架设在内侧的 48 毫米周围管上。横线长 20 米左右，只要用手拉紧固定就可以了。

纵线很长，会超过 100 米，最好用紧线器轻轻收紧，为了不让管材向内弯曲，必须插入斜撑进行加固（图 11-7）。

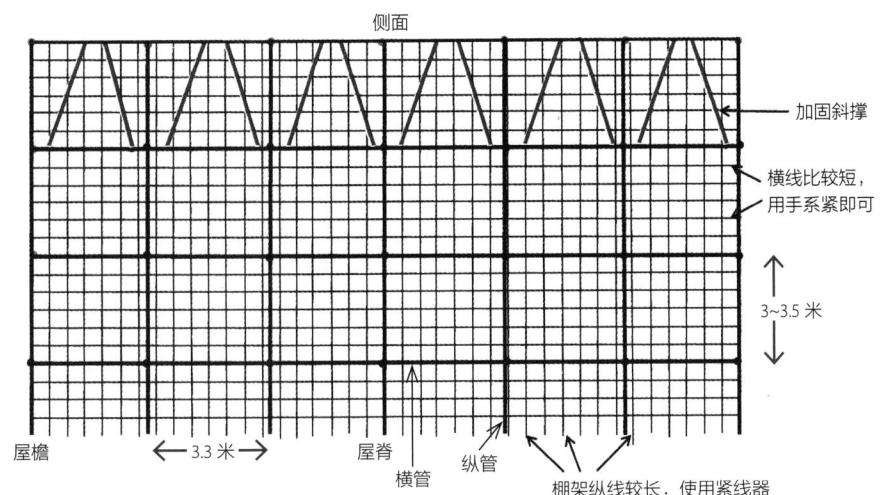

图 11-7 大棚进深的棚面与棚线平面图

（4）**覆盖材料的选择和固定方法** 虽说 PO 薄膜很耐用，但隔几年就需要更换。因此，为方便取下，最好使用卡槽固定。另外，因为棚膜有一些伸缩性，为了绷得结结实实，卡槽的间隔是 50 厘米，而且要用卡簧固定薄膜，这样就几乎不会因雨雪而松动，也不会被风吹走。

如果预算允许，最好使用 ETFE 薄膜。虽然它的厚度小于 0.1 毫米，但透光能力好，不易被弄脏，而且可以长达 25 年以上不用更换，是比玻璃还耐用的优秀薄膜。虽然它的伸缩性低，但是被风吹动也有破裂的危险，所以卡槽以 50 厘米为间隔设置并用铝制的压钉固定。如果可以，还可以用于檐下的侧面铺膜。

（5）**屋脊形换气效率高——天窗与侧面设换气窗** 屋脊形大棚的最大特征可以说是换气效率高。拱形大棚的换气窗位置很低，夏季高温造成中午前后工人必须休息，所以工作时间多在早晨或傍晚。

屋脊形大棚由于可以在顶棚上设置宽 1 米的换气窗，根据烟囱效应，换气效率高，棚下的气温比室外低，即使在盛夏的白天工人也能工作，工作效率高。

尽量在侧面高处装换气窗，换气效率会比换气扇高得多。顶棚和两侧的通风都能实现自动化，不用担心高温，还可以把时间转移到其他工作上，效率更高。

温室大棚的保温虽然成本高，但在经济上是可行的，但如果要制冷，则需要惊人的运行成本。所以，比起大棚保温，提高通风效率更为重要。

（6）单栋还是连栋　如果是不下雪的地方，也可以建连栋大棚，但如果考虑到换气效率，最好把连栋大棚的屋脊高度定在 4 米以上。

如果是宽 20 米的单栋，进深 50 米就有 1000 米^2。因此，在操作上，建造单栋建筑在改变栽培类型或栽培品种时更方便。但是，由于土地利用率下降，不利于有效利用有限的土地。

因为大棚构件大而重，所以建设时需要几个人，最好找 1 个能确定水平面的人参与其中，这样就能建造出好的大棚。

（7）打好抵御下沉和上浮的基础——别忘了涂防腐蚀的煤焦油　强风造成的危害最主要的是屋顶上浮，而不是下沉。这是因为屋顶的下风向是负压，与飞机飞行的原理相同，会将屋顶往上拉（图 11-8）。下沉几乎都是由积雪引起的，单靠将支柱插入泥土是无法阻止的。为了能够承受下沉和风速 30 米的上浮，就要有足够牢固的基础。

最简单的方法是将厚度为 2~3 毫米的 20 厘米见方的铁板焊接在支柱下面，或安装类似的构件埋在地下 50 厘米的地方。也有利用空隙法的，但最好也埋入地下。只要做好这一点，就没有必要用地锚来防止上浮。

这时需要注意的是，在基础铁板的正中央开一个洞，防止露水进入柱管。否则，露水有可能从里面腐蚀支柱。

另外，在地面上方 20 厘米左右的大棚支柱上涂抹煤焦油。因为如果不这样做，靠近地面的支柱管部分一定会被腐蚀。这一点适用于插入地下的所有管道，将插入部分浸入或涂抹煤焦油，晾干后再插入地下，就会耐用得多（图 11-9）。

（8）强风地带加斜撑　针对日本海一侧的季风和台风等强风，要事先用外径为 48 毫米的管材进行加固。

为了应对侧面来风，要在纵管上插入斜撑。侧边可以放在架子下面，其他的都放在

图 11-8　因强风造成的大棚支柱上浮

图 11-9　在大棚支柱上涂抹煤焦油

架子上，以免影响操作。考虑到防台风的对策，在纵向的各个地方，如果纵深 50 米则可以插入 6 处。为了应对横风，在屋脊柱和下面中柱之间以 V 形插入斜撑，但必须放在所有的支柱之上。

◎ 拱形大棚

（1）**拱形大棚是最普及的** 现在的农用大棚大多是可以用大棚绳索固定薄膜的拱形连栋大棚。拱形建筑由于历史悠久，能够建造的人很多，建设费用也少，所以建造起来比较容易。

因为构件轻，与使用脚手架用管材的大型屋脊形大棚相比，可以轻松地搭建。但是，由于建筑物较低，也无法在顶棚上安装换气窗，只能在较低处安装，因此通风效率低，即使棚下葡萄叶的阴影下很凉爽，棚面上也容易积存热空气，容易产生高温。

（2）**拱形连栋大棚的构造实例** 在风较少、积雪较少的地带，单棚宽度通常为 3.6~4 米，主柱间隔为 3 米。构件方面，主柱、纵管、横管等的外径为 32 毫米，管壁厚为 1.2 毫米或 1.6 毫米。

在此介绍岛根县出云地区的实例（图 11-10）。岛根县出云地区从冬季到春季有 30 米／秒级的季风，积雪最厚达 50 厘米。最近，有了即使在冬季也能覆盖 PO 薄膜的强化大棚。在屋顶侧面部分插入管材补强，进深的支柱间隔为 2~3 米。也有考虑留有

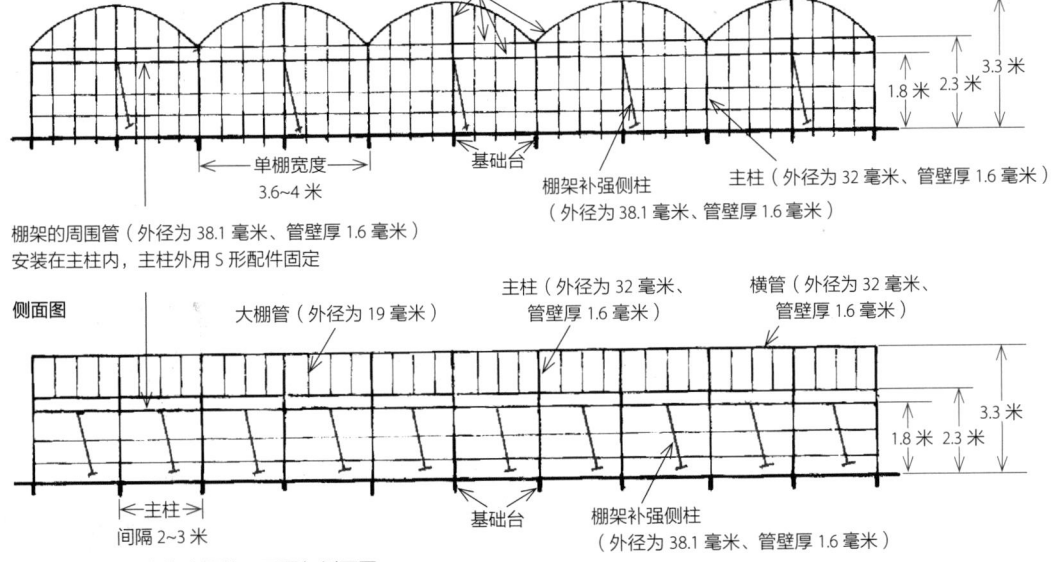

图 11-10　拱形连栋大棚的正面图与侧面图

余地,把宽度缩小到 3.6 米的情况。

主柱、纵管、横管等主要管材的外径为 32 毫米,管壁厚为 1.6 毫米,屋顶部分弯曲成拱形。因为顶棚部分是半圆形的,要覆盖同样的面积,管材和覆盖材料要稍微多一些。薄膜包括侧面在内用绳索等固定,所以比较简单。如果是大棚葡萄产地,可以统一制作,价格便宜。

大棚上不能加斜撑,所以抗风能力差。因此,为了强化大棚结构,在侧主柱之间插入补强侧柱,并且在主柱之间插入纵管和横管,防止侧柱向内弯曲。

(3)巧妙的棚线铺设方法　如果已经有了棚架,把葡萄棚架包起来搭建大棚就可以了,但如果一开始就搭建棚架和大棚,最好是果树和大棚兼用。要点是在大棚外侧周围主柱的内侧架设棚线用的管道,高度为 1.8 米,周围主柱之间要像葡萄棚架一样插入侧柱。使用外径为 38 毫米、管壁厚 1.6 毫米的管材。侧柱也使用同样的管材。

棚架线铺设在四周有羽毛盘的粗管上,纵管和横管穿过粗管上部,支撑葡萄树的重量。

另外,为了防止挂在棚架上的葡萄因自重而下沉和被风吹得上浮,支柱的基础台必须牢固。如果用石块作为基础台,就用大的石块,埋在地下 40 厘米左右。这样一来,就不需要地锚了。

在基础台不牢固的情况下,每 4 根主柱就有 1 根需要打锚,防止基础台被拽上来。

(4)大拱形大棚——功能不如屋脊形　可以看到宽 5 米或 6 米的大拱形大棚温室。采用外径为 38 毫米或 42 毫米的管材作为基本部件,无论刮风还是下雪都能承受。由于棚顶较高,侧面壁高也有 3 米左右,因此可以自动进行侧面换气。

与 4 米宽的拱形大棚相比,它可以说是条件较好的大棚。虽然建设费与屋脊形大棚差不多,但功能却不如屋脊形。特别是通风方面,没有比屋脊形更好的了。

◎ 其他大棚

(1)波形大棚——通风费时,但在斜坡上建没问题　多用于风较弱的地区,外形让人联想起屋脊形连栋大棚,采用顶棚和侧面覆盖薄膜的方法,费用相对较少,制作也比较简单(图 11-11)。覆盖薄膜打开和关闭有点困难,换气也很费时,这是难点。不过,在斜坡上,由

图 11-11　波形大棚(冈山县总社市)

于温暖气流向上流动，应该不会有太大问题。

（2）部分覆盖——便宜但不抗风　这种方法是在既有园的葡萄棚架上用铁丝或细管，局部建造拱形屋顶，葡萄园的1/3~1/2没有覆盖。作为大棚来说，这种方式是最简单、最便宜的。因为覆盖是部分的，侧面也开着，所以不用担心换气，但生长和露地几乎一样。

由于是保护短梢修剪园主枝的构造，果实不受雨淋，所以赤霉素处理等对果实而言操作容易，果实的病害和裂果也减少。但是，没有覆盖的地方葡萄容易生病，所以要注意。

另外，由于抗风能力较弱，常见于风力较弱的日本濑户内海地区和洼地（图11-12）。不建议用于季风强烈的日本海一侧或台风经常来的地区。

图11-12　部分覆盖棚（广岛县福山市沼隈町）

◎ 哪个方向更适合

（1）无加温和避雨大棚选南北向　建造大棚的时候必须考虑大棚的方向。为了使葡萄的生长均匀，光照在大棚内越均匀越好。

光对着大棚覆盖材料成直角照射的情况下，能透过90%左右，但是随着与覆盖材料的角度变小，光反射并很难透过，从光的透射率来看，南北向的大棚在冬季只有50%左右，从4月开始提高到70%左右。以此类推，东西向的在冬季高达70%，但在4月以后会低至60%左右。

因此，主要在冬季利用太阳热的促早栽培类型采用东西向的大棚好；4月左右以后需要太阳热的晚熟栽培类型，也许是南北向的大棚好。但是，从实用性上来说，不用太在意，根据地形来建造就可以了。

（2）倾斜地要顺着斜坡建棚　在倾斜地的葡萄园中，如果屋脊设置成等高线状，通风效率会明显降低，容易受到高温干扰。如果屋脊沿斜坡设置，通过侧面换气，棚架上的换气效率就会提高。

重视透光率和重视通风效率的大棚是有差异的。在实际的大棚管理中，温度不足通过加温比较容易弥补，但是盛夏的降温却不是那么容易的。因此，在倾斜地，如果没有特别的理由，最好是沿着斜坡建棚。

◎ 使棚内温度均匀

（1）**取暖机的放置** 如果地势平坦，取暖机一般会放置在温度均匀的大棚中央。大面积的大棚需要 2~3 台取暖机时，根据取暖机的工作效率将大棚内部分区，分别放在各区中央部分就可以了。

但是，地势倾斜时，取暖机要设置在斜坡的下方，通风管也固定在下方比较好。这样一来，暖空气就会上升，容易使大棚内的温度均匀化，不浪费暖空气，降低油耗。

（2）**根据园区条件和面积配置通风管** 如果地势平坦，取暖机的通风管要布置得让暖风均匀地散布。通常将取暖机置于中央，左右配置大的通风管，并在两侧分别配置数条通风管（图 11-13）。因为大棚周围的温度容易变低，所以可以考虑围绕侧面配置通风管。

如果是坡地，就应该多把通风管朝下设置，防止温度只沿斜坡上升高。

这样做可以使大棚内的温度均匀，在进行赤霉素处理时，如果生长不均匀，工作就会很麻烦，所以特别要注意使生长均匀。

图 11-13 均匀配置通风管

虽说如此，在超过 2000 米² 的较大面积的大棚里，如果生长一致，反而会因为作业效率跟不上而产生困扰。不仅是赤霉素处理和疏粒，采收工作也会很辛苦。在这种情况下，最好是在中间设置隔板，划分区域，每个区域统一生长发育进度。另外，在倾斜地，斜坡上方的生长快，越往下越延迟。也有人认为这样可以分散劳动力。

（3）**使用排水管节省 10% 燃油** 冬季多雪多雨地区的连栋大棚，棚与棚之间一定要安装排水管。12 月下旬在覆盖的拱形连栋大棚中加温时，如果按照销售时间相同的方式进行管理，安装了排水管的大棚的耗油量能节省 10%。

调查没有排水管的连栋大棚的葡萄根分布，明显低处较多。但是冬季的雨水很冷，低处的地温始终上不去，无法发挥根系多的优势。而且，还会带走取暖机的热量。

因此，在加温栽培中棚间一定要安装排水管，以此提高密闭度，不让冰冷的雨水进入大棚内是很重要的。这样一来，还可以防止因大雨导致的裂果，可谓一石二鸟。

在多雪的地方，大棚有倒塌的危险，有必要提高大棚的强度。

◎ 配套设备

（1）取暖机——考虑未来引入 LPG 和 LNG 设备　加温栽培需要取暖机，如果是 1000 米^2 的大棚，每小时的发热量要达到 7.5×10^4 千卡（1 千卡 ≈ 4186 焦）。但在隆冬季节使用，发热能力会略显不足，所以使用大规格的 9×10^4 千卡左右的产品比较好。

取暖机分为重油用、煤油用、LPG（液化石油气）用等多种，此前由于燃料价格低，重油用被广泛使用。但是，为了应对全球变暖，对产生二氧化碳较多的燃料的使用限制将会变得更加严格。

从这一点来看，LPG 和 LNG（液化天然气）等产生的二氧化碳不及煤油和重油的一半。它们不仅具有加温效率高的优点，而且能够将燃烧产生的气体直接释放到大棚内，使二氧化碳施用成为可能（图 11-14）。另外，因为杂质少，这种取暖机的寿命也长，考虑到将来，如果预算允许，可以引进这些取暖机。

（2）通风装置——在无加温和避雨栽培上比取暖更重要　进口自由化后，为了与进口葡萄竞争，日本将主要转向不消耗燃料的无加温栽培和避雨栽培。这样一来，通风换气就变得比取暖更重要了。

大棚在 5 月可以一直开着，但是从冬季到初春，棚顶、棚间、两端、侧面等都需要频繁开关。如果大棚面积大，换气就需要时间，甚至会因为来不及换气而出现高温障碍。

如果有只要设定温度就能自动开闭的换气装置，尽可能配备。面积小或者预算不充裕时，最好安装手动卷帘机。

经常看到在两端安装换气扇的大棚，但效果并没有想象中那么好。虽然在密闭状态下可以看到效果，但随着气温上升，打开棚下侧膜，从换气扇下面吸入的棚外空气会直接排出去。相反，安装大的换气天窗效率更高（图 11-15）。

图 11-14　具有二氧化碳供应功能的 LPG 加热器和二氧化碳、温度控制器

图 11-15　屋脊形大棚的天窗通风效果好

（3）灌水设备——最好是滴灌　大棚需要配备灌水设备，采用软管、洒水软管、喷水器、滴灌等方式进行灌水。虽然它们各有特点，但最好采用能有效供水并混入肥料养分的自动滴灌装置（图11-16）。

这个装置虽然有点贵，但是它是自动的，所以不费事。而且它可以同时施肥，使根域限制栽培成为可能，从而减少向根的干物质分配，提高产量，应尽可能引进。

（4）隔热窗帘——节省20%的燃油　在加温栽培时，为了节约燃料费用，必须设法提高保温效果。

图11-16　自动滴灌装置

首先，为了防止热量从大棚内散发出去，侧面的薄膜要做双层。然后，在架子上安装卷帘，也要做成双层。这样一来，可以节约20%左右的油耗。

但是，双层帘会降低透光率，所以必须做到晚上关闭，白天打开。现在正在开发不管是拱形的还是屋脊形大棚都可以自动打开和关闭的装置，所以最好和自动温度管理装置一起配备。

（5）为防鸟、防虫设网　要在天窗、两端、侧面换气窗等换气的地方安装防护网。如果孔径为3毫米，可以阻挡葡萄透翅蛾、葡萄虎天牛、卷叶蛾、金龟子类、蜂类、椿象类等害虫。

同时，也能防范乌鸦、灰椋鸟等害鸟。而且，还能阻挡阻碍光合作用的强风，岂止是一石二鸟，可以说是一石三鸟，所以一定要设网。

（6）用于防范动物侵入的电围栏　近来，狸猫、野猪等野兽增多，稍不留神就会受到意想不到的伤害。因为塑料薄膜和网无法阻挡它们，所以最好设置电围栏。

如果覆盖ETFE薄膜，由于透明度高，很容易受到乌鸦的伤害。这时如果在棚顶设置利用太阳能发电的电围栏，几乎可以完全阻止这样伤害。

3　栽培类型与打破休眠、促进萌芽

◎ 栽培类型的分类和选择

（1）大棚栽培类型　大棚葡萄的栽培类型没有标准的分类。一般来说，是根据覆膜时期和加温时期的不同来区分。岛根县的无籽玫瑰露栽培，从休眠状态的 2 月开始加温的超早期加温栽培到露地栽培，共分为 6 种栽培类型。因此，玫瑰露的销售时间为 4 月中旬～8 月中旬，可以持续 4 个月（图 11-17）。

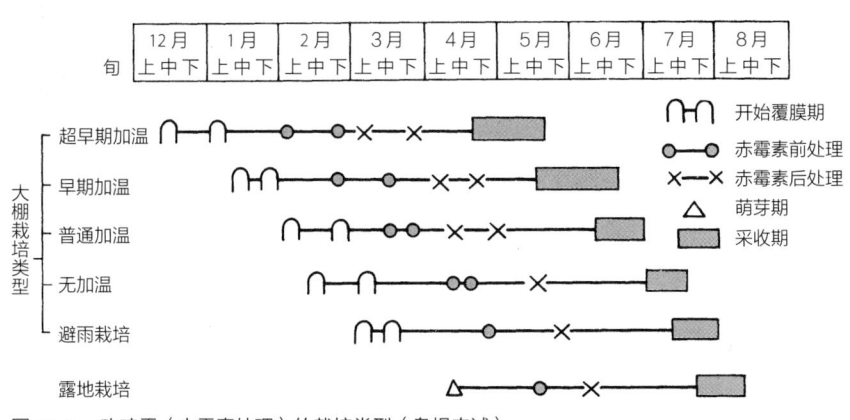

图 11-17　玫瑰露（赤霉素处理）的栽培类型（岛根农试）

在进口还没有自由化的时期，销售越早单价越高，早销售能赚很多钱。但是，由于进口自由化，南半球采收的葡萄、美国贮藏的葡萄，都可以在 2～4 月上市。

这就使燃料费用高的促早栽培的好处变少了。最终决定价格的是消费者，消费者当时的经济状况、对保鲜剂等药剂的态度、果实新鲜程度、参与竞争葡萄的数量等都会对消费产生影响。

因此，栽培时应避免集中于特定的生产模式，将各种生产模式组合起来，在经营上更安全。

（2）分散作业与改进技术　如果大面积栽植同样的品种，必须在短时间内进行赤霉素处理等工作，这是非常困难的。但是，通过组合不同栽培类型，使工作分散，面积大也能完成。

另外，一般果树的栽培经验 1 年只能积累 1 次。但是，如果将栽培类型分为加温、无加温、避雨、露地 4 种，同样的栽培过程在 1 年里可以经历 4 次。这对学习葡萄栽培技术很有帮助。

不同的栽培类型有栽培技术上的难易度，一般来说越早越难。因此，要综合判断技术力量和自家劳动力的条件，以及与市场的关系等，决定栽培类型的组合。

（3）普通加温栽培容易　这种类型是从 2 月中旬开始加温，玫瑰露从 6 月中旬开始采收，阳光玫瑰从 7 月中旬开始采收。因为是自发休眠完全苏醒后开始加温，萌芽的一

致性好；由于开花期天气好，结果也好，这种加温栽培是最容易操作的类型。

燃料费用也比较少，可以说是开始正式加温栽培的入门类型。但是玫瑰露采收季节的后半期进入梅雨期，如果下大雨就有裂果的危险。另外，由于日照不足，阳光玫瑰的糖度上升有时会延迟。

（4）无加温、避雨栽培的目标是稳定生产　无加温栽培和避雨栽培，可以说是大棚栽培的入门类型。避雨栽培只是避雨，无加温栽培只是盖上覆盖薄膜利用太阳能，所以从露地栽培过渡比较容易。

但是，它们有开始着色期日照少，着色期果实温度过高，有的品种难着色的缺点。整个7月是玫瑰露的采收期，如果梅雨末期下大雨就会造成裂果。而巨峰在梅雨末期开始着色，这一时期不容易着色，即使生长顺利，采收期有时也会推迟至8月。当然，如果能在盂兰盆节（8月中旬）前上市，就可以期待获得高价。

这两种方式的最大优点是可以防风避雨，稳定生产。

◎ 打破休眠与促进萌芽

（1）用破眠剂单氰胺溶液充分处理芽　为了抵御寒冷，葡萄树的芽从晚秋开始进入自发休眠。自发休眠是葡萄树的生理现象，所以处于这种休眠状态的葡萄树即使加温也不会马上萌芽。因此，在1月中旬以前开始加温的早期加温和超早期加温的类型中，为了打破休眠，对芽喷施单氰胺10~20倍液。

处理的最佳时期是11月下旬~12月上旬。因为喷洒不到芽就没有效果，所以要加上展着剂，用动力喷雾器等仔细喷洒。喷雾后至少需要1天不下雨，所以要注意天气预报，如果不放心，可以喷洒2次。

单氰胺液剂含有与酒精依赖症治疗药物相同的成分，如果在喷洒当天饮酒，就会出现心悸等症状，因此在喷洒当天严禁饮酒。

1月中旬以后加温的类型，不需要打破休眠。如果用单氰胺液剂处理，萌芽提前几天，整齐度会变好。因此，现在单氰胺也多用于无加温栽培。最佳处理期是11月下旬~12月中旬。但如果只希望萌芽整齐，到1月中旬前处理都有效果。

（2）使用萌芽促进剂促进发芽均匀　可以使用促进已打破休眠树的萌芽与使萌芽整齐的萌芽促进剂。处理适期为1月中旬，但在覆膜后立即处理也有效果。

在超早期加温栽培和早期加温栽培中，一般采用在覆膜前喷洒单氰胺液剂，覆膜后再用萌芽促进剂，萌芽的整齐度会比较高。

4 温湿度管理

◎ 温度管理

（1）**葡萄的温度特性**　防止大棚栽培失败的第一点是防止低温和高温损害葡萄的树体。为此，有必要了解葡萄树的低温抗性和高温抗性。

葡萄树在休眠期最能适应温度变化，即使遭遇48℃高温5小时或-9℃低温16小时也不会受害。但是，到了萌芽期，40℃高温4小时，-3℃低温1小时就是极限了。在适应温度最弱的开花期，遭遇45℃高温1~5小时，-3~-1℃低温1小时就会受害。

以上是指葡萄树的生长极限温度，这个温度下葡萄树不会发生灼烧、冻害等大的障碍。但在这个葡萄树能够生长的极限温度下，对果粒膨大、着色等的影响是不可避免的。因此，在实际管理中，必须在更小的范围内，在适合葡萄树生长的温度下进行管理。这就是适温管理。

葡萄树在休眠期耐高温性和耐低温性较强，所以在30℃左右时，白天要多利用太阳热，尽量保持高温管理。低温只要不降到0℃就没有危害，但考虑到促进生长，尽量不要降到10℃以下。萌芽后，除开花期外，适宜温度为20~25℃，白天利用太阳热，以28~30℃为上限，夜间维持在10~15℃即可。但是，在开花期上，赤霉素处理的品种温度要低一些，有籽巨峰的夜温在18℃左右，白天30℃左右，要高一些（图11-18）。

（2）**无核品种栽培的温度控制**　在加温栽培中，如果覆膜后马上开始加温，由于新梢和根的生长不平衡，容易造成萌芽不均匀。另外，刚覆膜时土壤水分较多，即使马上加温，温度也很难上升。

因此，在覆膜后到开始加温有2周左右的无加温期，以在高温多湿条件下促进萌芽。举个极端的例子，也有在12

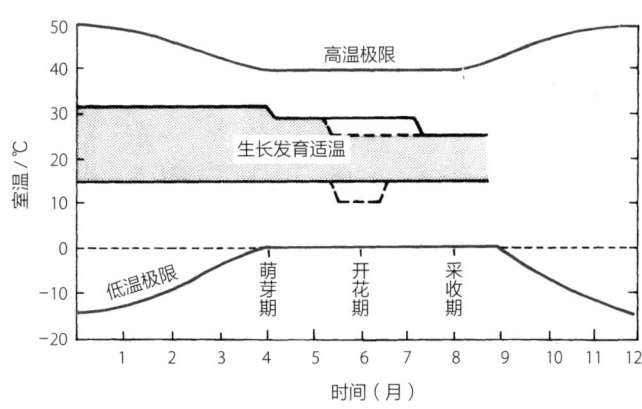

图 11-18　巨峰和玫瑰露的生长极限温度和适宜温度（引自宫川数据，高桥制图）

开花期：实线为巨峰的温度，点线为玫瑰露的温度

月初覆膜，让其在无加温状态下度过1个月以上，萌芽后开始加温的情况。这样一来，地温足够高，萌芽的整齐度非常好，之后的生长也很好，结果管理也变得非常容易。

但是，即使要延长无加温期，取暖机也必须能随时起动。因为这是最冷的时期，有可能会受到冻害，而且日本海沿岸说不定什么时候就会下大雪。

无加温期间尽量利用太阳能。休眠期的葡萄树既耐高温又耐低温，所以白天只要温度不超过40℃就不要换气，这样晚上就不用加温。这时地温上升，多层覆盖时，即使不加温，夜温也不会降至零下。

玫瑰露等在开花期前进行赤霉素处理的品种，为使坐果更好，处理时期最好将夜温降到10~15℃。

为了促进阳光玫瑰生长，在进行赤霉素处理前，夜温在18℃以上会增加畸形叶的发生，因此在短梢修剪时，夜温宜稍低一些（表11-1）。

表11-1 无籽加温栽培的温度管理实例（安田）

分类	品种	覆盖	加温开始	萌芽期	赤霉素前期处理	坐果后	着色始期
白天的换气目标温度	全部		35~40℃	33℃	30℃	28℃	28℃	28℃
夜温 （变温管理）	玫瑰露	保温	15~18℃	15~18℃	10~15℃	18~20℃	15~18℃
	巨峰、先锋	保温	15~18℃	15~18℃	15~18℃	18~20℃	15~18℃
	阳光玫瑰	保温	15~18℃	15~18℃	15~18℃	15~18℃	—

（3）通过变温管理节省能源　一般来说，变温管理是白天最大限度地利用太阳能，夜晚温度降低到不影响生长的程度，尽可能地节约燃料消耗量。

为了不影响生长速度，维持白天30℃、晚上15℃左右比较好。为了提早上市，生产上采用提高夜温的方法，但并没有像预想的那样生长。夜温越高，燃料消耗量就越多，一旦达到15℃以上，燃料消耗量会猛然增加。

最近，人们开始设法在最大限度地防止生长迟缓的同时减少燃料消耗量，这种夜温管理方法被称为变温管理。

稳妥的夜温管理方法是根据加温的时期和生长阶段采用不同的温度。以节约能源为目标，将夜温分为3个阶段：夜温在22：00下降，第2天3：00再次下降，早上5：00左右进一步下降。从年初到2月中旬夜温变化为18℃→15℃→13℃，2月下旬以后为20℃→18℃→15℃。这样可以节约20%左右的燃料。

另外，为了节约燃料，在进行第2次赤霉素处理之后、恢复正常的夜温管理后第2天，可以进行降低5℃的温度管理。这样一来，既不会推迟成熟期，又能节约10%左右的燃料。

◎ 开放大棚后的通风与温湿度控制

（1）将温湿度计放在棚架上　5月初~5月下旬，夜温超过13~15℃时，将侧面、两端、天窗等全部打开，之后温度管理顺其自然。

这个时期之后，换气比保温更重要。特别是拱形大棚的顶棚上聚集着暖空气，温度超过50℃，容易导致叶片灼伤等高温障碍。为了防止这种情况发生，必须正确地知道棚架上的温湿度，最好将测量工具设置在棚架上。

因为棚架下有葡萄的叶荫，气温较低，与棚架上相差10℃以上的情况并不少见。在炎热的天气把手伸到棚架上就会很清楚。特别是在棚顶较低的拱形连栋大棚中，没有两端或棚间换气时，温差更大。

所以，如果棚架下是30℃，棚架上可能会达到40℃。这样一来，葡萄叶片的光合作用功能就会明显下降。试着测定夏季晴天时的光合作用，可知叶面积指数高的工作得更好。最上面的叶片因为高温而无法工作，但它多少起到了遮阴的作用，让第2、第3片叶正常工作。

因此，进行温度管理时，温度计一定要放在棚架上。而且，在天气好、温度高时，棚架上的温度不要超过30℃，不仅要打开侧面，还要充分打开两端、天窗、棚间等。很多农户会将温湿度计放在棚架上，用于温湿度管理。

（2）根据种子有无和赤霉素处理类型调整温度管理　葡萄开花期是对环境条件最敏感的时期，此时对高温和低温都最脆弱。除了开花期，不同品种的适宜生长温度没有太大差异。

在开花期管理上，开花前进行赤霉素处理的无籽品种生产和巨峰等4倍体有籽品种生产有很大的不同。简言之，就是"开花前赤霉素处理的要低温管理，有籽的要高温管理"。

例如，玫瑰露和贝利A麝香，从开花前赤霉素处理期到开花期，夜温要低至10~15℃。而有籽的巨峰和先锋等，在25~30℃时花粉管生长良好，所以夜温最好在18~20℃。

与此相对，在盛花期赤霉素处理的情况下，无论是2倍体还是4倍体，夜温最好设定为15~18℃的高温，以促进生长发育。

（3）开花期要努力降低湿度　如果开花期室内湿度高，花就会变得湿漉漉的，助长灰霉病的发生。另外，如果水滴长时间停留在花上，即使没有生病，果面也会变成锈状，成为锈果的原因。因此，开花期最好降低湿度。

要想降低湿度，最简单的方法就是提高温度。对于巨峰，通过保持较高的温度就可以简单地降低湿度。但是玫瑰露等在开花前进行赤霉素处理的情况下，不能单纯地提高温度。这是因为从赤霉素处理到开花期，夜温低的坐果和无核率都更好，赤霉素处理当天的夜温必须低。

在加温栽培中，由于赤霉素处理的花穗和开花中的花穗混在一起，若赤霉素处理当天晚上温度降低，开花中的花穗就会带湿气，而无加温栽培没有加温条件（难以靠升温降低湿度）。不过，自从推广使用了氯吡脲，对落花的担忧大大减轻了，所以稍微提高夜温也未尝不可。

在这种情况下，最有效的方法是起垄覆膜和棚间排水，使用塑料薄膜进行土壤覆盖减少地面蒸发。另外，在没有排水管的连栋大棚里，在棚间用塑料薄膜做沟，让雨水流到大棚外，也可以降低湿度。

5 防风

◎ 风是葡萄树的大敌

（1）**看得见的风害** 不仅是葡萄树，果树都容易遭受风灾。因为离地面越高，风就越强，所以高大的果树更容易受到伤害。葡萄树因为是棚架栽培，不易受风害，但是葡萄的叶片大，生长初期新梢易折断，叶片和花穗易有损伤。海岸附近还会受到潮风害等（图11-19）。

如果叶片受到损害，光合产物就会减少，这是产量减少的主要原因。另外，如果花穗受到损害，就会引起落花及变成不良果穗。特别是在赤霉素处理时，如果遇到焚风现象，由于湿度极低，赤霉素不能被吸收，容易形成种子残留的果粒或坐果不良。

在采收季节，如果遇到台风等强风，因脱粒或摩擦而损坏果穗，会造成很大的损失。

（2）**看不见的风害** 前面说过，弱风可

图11-19 玫瑰露新梢的潮风害症状

以促进光合作用，但风速超过 3 米 / 秒时就会抑制光合作用。

顺便说一下，从萌芽期开始的 20 天里，将用直径为 30 厘米的陶盆培育的玫瑰露，用电风扇以风速 4.5~5 米 / 秒的风速吹风。在新梢的长度方面，与无风区的新梢长 156 厘米相比，夜间送风区的长 107 厘米，连续送风区的长 88 厘米，明显是风抑制了生长（图 11-20）。

在叶面积方面，无风区的叶面积为 1774 厘米^2，夜间送风区的为 1626 厘米^2，连续送风区的为 1345 厘米^2。很明显，风在 20 天内就会对叶面积减少产生如此恶劣的影响，如果是在成熟期，影响会更大。

这样即使不会对树体造成损伤的弱风，也会显著抑制葡萄树的生长。因此，虽说大棚栽培葡萄是为了避雨，但遮风的效果也相当好。

图 11-20　风对葡萄生长的影响
从左至右依次为无风区、夜间送风区、连续送风区的葡萄树

（3）遮风效果比较　接下来，为了了解防风后的情况，我们对塑料大棚、寒冷纱大棚、露地栽培进行了比较。其结果如表 11-2 所示，其中塑料大棚最好。糖度稍低，可能是因为坐果量过多。

寒冷纱防风大棚虽然防风效果不如塑料大棚，但与露地栽培相比却优越得多。对岛根县出云地区这种从初春到初夏季风强烈的日本海沿岸沙丘葡萄园，防风效果非常好。

如果是不用担心裂果的葡萄品种，采用这个方法可以说是稳定生产最经济的方法。

表 11-2　玫瑰露避雨栽培与防风栽培的生长发育比较（高桥，1974）

试验区	每根结果枝的花穗数 / 穗	每穗的果粒数 / 个	单穗重 / 克	单粒重 / 克	糖度（%）	换算产量 /（千克/1000 米^2）
避雨（塑料大棚）	4.0	167	182	1.65	17.2	2311
防风（寒冷纱大棚）	3.9	167	157	1.88	20.6	1931
露地	3.5	133	108	1.62	18.8	1156

◎ 防风的具体方法

（1）树篱的效果　简便的防风方法就是使用由树木组成的防风墙（树篱）。但是，即使开园的同时种植防风树，根据树种的不同，不经过几年也是不会有效果的。对生长快的葡萄的初期的防风来说，这是个问题。

作为生长迅速的树种，温暖地区选择黑木相思和桉树，寒冷地区则选择钻天杨。但是，黑木相思和桉树是乔木，管理起来很麻烦，所以在初期防风的作用结束后应该换成柏树和杉树等。另外，钻天杨是落叶树，所以初春的防风效果并不理想。如果过几年树干长粗了，也可直接在树干上支网防风。可用作永久性树篱的是杉树、柏树、罗汉松等常绿树。

防风效果取决于树篱的高度和密封程度。如果地势平坦，下风向有防风效果的距离是树篱高度的8~10倍。但是风有时会向下猛吹或形成旋涡，在靠近树篱的地方也会造成危害。从实际感受来看，树篱的实际防风距离应该是树篱高度的5倍左右（图11-21）。

树篱的问题是，密封度和高度越高，遮阴的时间就越长。另外，其根长进葡萄园

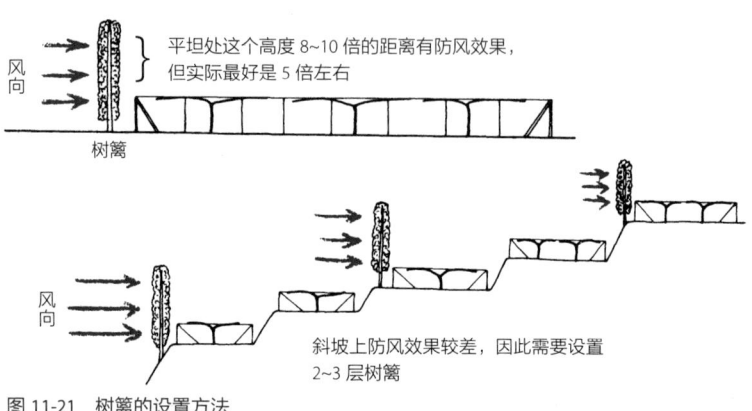

图11-21 树篱的设置方法

里，会与葡萄树竞争养分和水分。有时要在离树篱1~2米的地方切断面向葡萄园一侧的根，并限制树篱的高度，进行修剪，保持适当的密度。

（2）**防风网效果很好**　如果是防风网，效果会立刻显现出来。但是，要使孔径为3毫米左右的编织网达到充分的防风效果，必须有相当高度且有相当坚固的结构。

对防风设施的构造进行研究发现，最有效的是用网覆盖全园。其结果如图11-22所示，网覆盖的园内风速几乎减半，而且从上风到下风的任何地方风速都一样，没有乱风，因此对枝叶的损伤程度显著减少。

在葡萄架上方1.5米的地方也要设置架线，并用网覆盖整个葡萄棚架，防止葡萄棚架被风吹飞，这就是双层网架。在积雪地带，开发出了在下雪前把网卷起来，每隔10米设置一个棚线的整理装置，可以简单地打开和关闭。

在表11-2中展示了防风网的效果，如果采用这种方法，普通露地栽培葡萄的效果与大棚栽培相近（图11-23）。

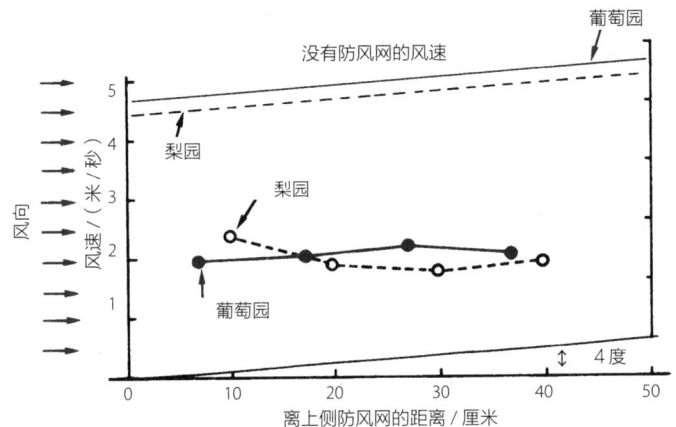

图 11-22　防风网的效果
用透明的寒冷纱（F3000 号）完全覆盖整个果园时的减风效果。面积为 40 米 × 50 米，风速测量地点为离地 1.8 米、倾斜度为 4 度的果园

图 11-23　双层网架确保生产稳定

6 设施、机械的检查与修整

◎ 除锈要在秋季进行

大棚栽培专业农户在 9 月左右就能采收葡萄。身体疲劳后的恢复很重要，到 10 月中旬为止都是休息期间。但即便如此，也要尽早进行大棚的修理和土壤的施肥管理等。

每年都要检查大棚配件，如果有生锈的地方要进行防锈处理。要先用电钻将锈斑彻底去除后再刷防锈漆才有效。防锈漆最好在天气好、气温高的时候刷，这样黏性不会变强。最近开发出了一种很好的防锈漆，价格有点贵，可以向涂料店咨询。

◎ 尽早修理大棚和棚架

时间一长，大棚和棚架就会受损，所以要尽早修补。容易生锈的地方是积存雨水的地方和不怎么干燥的地方。例如，拱形大棚的管材、地锚线从一开始就容易生锈。如果破损太严重，就要更换新的管材。如果不这样做，就会因风、雪、雨等受到意想不到的灾害。除此之外，侧面棚膜的固定部位等处也容易生锈。特别是插在地面上的管材容易生锈，所以要找出受损的地方进行修补。

在被大风吹倒或被雪压倒的大棚里，经常可以看到防止大棚浮起的锚线因地面腐蚀而变细断裂。不管是铁丝还是管材，只要靠近地面处有损伤，就要尽快更换新的，并在靠近地面处涂上煤焦油。

◎ 注意管材固定部位的铁锈

在大棚中，使用了很多万向接头、卡扣等管材连接配件。大棚的寿命可以说是由管材的质量和电镀水平决定的，现在的管材大多质量较好。

但是，很多人只注意管材的质量，而不太注意五金配件。在屋脊形大棚中，外径为48毫米的管材之间使用卡扣。但是，由于露水堆积在接触面上，所以很容易生锈。特别是很多卡扣虽然便宜，但质量低劣，易生锈，一不留神用上了就从那里开始损坏。

可以提前用防锈漆处理一下。最好的方法是涂煤焦油，但由于又脏又麻烦，所以很少有人这么做。

◎ 暖风机、灌水设备等机械设备都要仔细检查

取暖机到了4月就不再用了，建议充分检查并维修。最缩短重油取暖机寿命的是烟管腐蚀。重油中含有硫黄，会粘在烟管上。取暖结束后，把烟管调到可以看到的状态，用电动喷水器等喷出高压水，把粘在上面的氧化物冲走。然后打开取暖机，让其内部干燥后再收起来。

今后使用重油取暖机很有可能会受到限制，因此，最好购买比较环保的LPG取暖机。

灌水泵、换气装置、电源、运输车、耕作机械、铲车等其他设施和机械也要进行检查，尽早进行维修。自动装置一旦发生故障，葡萄就会出现高温或低温故障，要特别仔细检查。

附 录

附录 A 阳光玫瑰不同栽培类型的操作管理一览表(安田)

月	旬	温度	无加温栽培	
			生长发育期	操作管理
1		白天的换气目标温度	休眠期	施基肥
2				
3	上	33℃		薄膜覆盖
	中		萌芽	
	下			抹芽
4	上		新梢生长	新梢引缚
	中			花穗整形
	下			灰霉病、白粉病、炭疽病防治　蓟马、介壳虫防治
5	上		开花	赤霉素(GA)前期处理
	中		果粒膨大Ⅰ期	疏穗　赤霉素(GA)后期处理 追肥　打开大棚的两端、侧面
	下			疏粒
6	上	28℃	果粒软化	套袋
	中			棚间换气
	下			
7	上		果粒膨大Ⅲ期	
	中			
	下			
8	上		成熟	
	中			采收、销售
	下			施礼肥
9	上			去除薄膜覆盖
	中			IC 波尔多液 50 倍液
	下			
10	上			大棚、棚架等修理
	中			
	下	去除薄膜覆盖		葡萄虎天牛防治　深耕、施有机肥
11	上			
	中			
	下			
12	上			整形修剪
	中			修剪后的枝条收集
	下			打破休眠

(续)

月	旬	露地栽培	
		生长发育期	操作管理
1		休眠期	整形修剪　修剪后的枝条收集
2		休眠期	施基肥
3	上	休眠期	
3	中	休眠期	
3	下	休眠期	黑痘病、蔓割病、炭疽病防治
4	上	萌芽	
4	中	萌芽	抹芽
4	下		
5	上	新梢生长	新梢引缚　霜霉病、黑痘病防治　蓟马、叶蝉防治
5	中	新梢生长	花穗整形　霜霉病、黑痘病防治　蓟马、叶蝉、蚜虫、介壳虫防治
5	下	开花	赤霉素（GA）前期处理　灰霉病、霜霉病、黑痘病防治 蓟马、叶蝉、蚜虫、介壳虫防治
6	上	果粒膨大Ⅰ期	灰霉病、霜霉病、黑痘病、白粉病、炭疽病防治 蓟马、叶蝉、蚜虫、介壳虫防治
6	中	果粒膨大Ⅰ期	疏穗、疏粒　赤霉素（GA）后期处理　追肥
6	下		套袋
7	上		IC 波尔多液 40 倍液　叶螨、蓟马防治
7	中		
7	下		IC 波尔多液 40 倍液　介壳虫、蓟马防治
8	上	果粒膨大Ⅲ期	IC 波尔多液 40 倍液　蓟马防治
8	中	果粒软化	
8	下		
9	上	成熟	采收、销售
9	中	成熟	施礼肥　IC 波尔多液 40 倍液
9	下		
10	上		棚架等修理
10	中		
10	下		葡萄虎天牛防治　深耕、施有机肥
11	上		
11	中		
11	下		
12	上		
12	中		
12	下		

附录 B 玫瑰露不同栽培类型的操作管理一览表（安田）

月	旬	温度	生长发育期	操作管理
				无加温栽培
1		白天的换气目标温度	休眠期	施基肥　结果母枝引缚
2				薄膜覆盖
3	上	33℃	萌芽	
	中			
	下			抹芽、花穗整理、新梢引缚
4	上		新梢伸长	赤霉素（GA）前期处理
	中			灰霉病防治
	下			
5	上	28℃	果粒膨大Ⅰ期	赤霉素（GA）后期处理　疏穗、疏粒 追肥　叶螨、介壳虫防治
	中			打开大棚的两端、侧面　夏季修剪
	下		着色	棚间换气
6	上		果粒膨大Ⅲ期	夏季修剪
	中			
	下		成熟	采收、销售
7	上			施礼肥
	中			
	下			去除薄膜覆盖
8	上		贮藏养分积累	IC 波尔多液 40 倍液或 4-4 式波尔多液
	中			
	下			
9	上	去除薄膜覆盖		
	中			
	下			
10	上		落叶	大棚、棚架等修理
	中			
	下			葡萄虎天牛防治　深耕、施有机肥
11	上			整形修剪
	中			修剪后的枝条收集
	下			
12	上			
	中			打破休眠
	下			

(续)

月	旬	露地栽培	
		生长发育期	操作管理
	1	休眠期	整形修剪
	2		修剪后的枝条收集　卷须、果梗去除　施基肥　结果母枝引缚
3	上		萌芽前蔓割病、炭疽病防治
	中		
	下		防霜冻、防风措施
	上	萌芽	
4	中		
	下		抹芽
	上	新梢生长	新梢引缚　花穗整理　霜霉病、蔓割病防治　蓟马、叶蝉防治
5	中	开花	霜霉病、灰霉病防治　介壳虫防治　赤霉素（GA）前期处理
	下		
	上	果粒膨大Ⅰ期	赤霉素（GA）后期处理　追肥　疏穗、避雨 炭疽病、霜霉病防治　蓟马、葡萄透翅蛾、叶蝉防治
6	中		
	下		
	上	着色	新梢引缚调整、摘心、夏季修剪
7	中		
	下	果粒膨大Ⅲ期	
	上	成熟	
8	中		采收、销售　施礼肥
	下		IC波尔多液40倍液或4-4式波尔多液
	上		
9	中		
	下	贮藏养分积累	
	上		棚架等修理
10	中	落叶	
	下		葡萄虎天牛防治　深耕、施有机肥
	上		落叶处理
11	中		
	下		
	上		
12	中		整形修剪
	下		冻寒害预防